국내외 종자산업 관련 산업분석보고서

2023개정판

저자 비피기술거래 비피제이기술거라

㈜ 비티타임즈

<제목 차례>

01

서론

1. 서론

[그림 2] 종자산업

  우수한 종자를 개발해 타국에 수출하게 되면 다른나라로부터 로열티 수입을 얻을 수 있다.
이러한 수입은 천차만별인데, 네덜란드 원예과학 개발센터에 따르면 일부 토마토 종자의 1kg
당 로열티 가격은 9만 유로(1억 1,400만원)로 금보다 비싸다. 또한 자국에 다양한 종자를 보
유하고 있다면 외국에 로열티를 줄 필요가 없기 때문에 종자를 확보하는 일은 중요하다.

  또한, 종자산업은 단지 식품과 연관된 산업이 아닌, 의약품, 화장품 등 응용산업에도 사용되
기 때문에, 연 3.9%씩 성장하는 블루오션이라고 할 수 있다. 현재 세계시장 규모는 417억달
러 수준으로 연관산업까지 780억달러 수준으로 추정된다. 그러나 세계시장에서 한국시장이 차
지하는 비중은 5.5억달러 (현시세) 한화 6400억 수준으로 로 세계 종자 시장에서의 비중은 고
작 1.3% 수준에 그치고 있는 것으로 드러났다. 한국은 1998년 외환위기에 흥농종묘, 중앙종
묘, 서울종묘 등 3대 종자 기업이 다국적 회사에 매각되어 기반이 흔들렸으며, 제조업 위주의
경제 구조 때문에 농업 비중과 경지 면적이 줄어들어 성장이 더디게 되었다.

  우리나라의 종자 수출입액 규모는 19년 기준 1억 8400만달러(현시세) 한화 2140억 수준이
다. 이중 수출액은 680억으로 수입액 1460억의 46.5% 수준으로 종자산업에 대한 경쟁력 제
고가 시급한 상황이다. 종자전문 인력 양성도 시급한 실정이다. 현재 국내에 종자산업 전문인
력 양성기관은 서울대학교 채소육종센터, 경북대학교 농업생명과학대학, 원광대학교 농업식품
융합대학 3곳뿐으로 종자 전문인력 양성을 위한 전문기관 확대가 절실한 상황이다.

  이에, 본 보고서에서는 종자와 육종산업을 함께 살펴보고 향후 한국이 종자산업과 육종산업
에서 나아가야할 방향성을 살펴보고자 한다.

---

1) 종자산업이 미래를 좌우한다. 디라이브러리
2) [2020국감] 48조 세계 종자시장...한국 비중 고작 1.3% / 푸드투데이

02

종자산업 개요

2. 종자산업 개요
가. 종자의 정의 및 종류[3]

종자에 대한 식물학적 정의는 수분과 수정이 이루어진 후 형성된 배를 포함하는 성숙한 씨방으로, 이는 장차 성숙한 식물체로 자랄 수 있는 바탕이 되는 것을 의미한다. 한편, 농업적으로 종자는 씨앗으로 번식하는 "종자"와 영양체로 번식하는 "종묘"로 구분하여 왔으나 1995년 주요 농작물 종자법과 종묘관리법이 통합되어 종자산업법이 제정되면서 "종자"의 정의가 증식용 또는 재배용으로 쓰이는 씨앗, 버섯종균 또는 영양체를 포함하는 광의의 정의로 변화되었다. 즉, 농산물, 임산물 또는 수산물의 생산을 위한 모든 식물의 종자로 그 범위가 확대되었으며, 점차 소비가 증가하고 있는 화훼류, 약용식물 그리고 수산식물인 김 등의 포자도 종자의 범위에 들게 되었다.

종자산업법 제2조(정의)

이 법에서 사용하는 용어의 뜻은 다음과 같다.

1. "종자"란 증식용 또는 재배용으로 쓰이는 씨앗, 버섯 종균(種菌), 묘목(苗木), 포자(胞子) 또는 영양체(營養體)인 잎·줄기·뿌리 등을 말한다.
2. "종자산업"이란 종자를 연구개발·육성·증식·생산·가공·유통·수출·수입 또는 전지 등을 하거나 이와 관련된 산업을 말한다.
3. "작물"이란 농산물 또는 임산물의 생산을 위하여 재배되는 모든 식물을 말한다.
4. "품종"이란 「식물신품종 보호법」 제2조제2호의 품종을 말한다.
5. "품종성능"이란 품종이 이 법에서 정하는 일정 수준 이상의 재배 및 이용상의 가치를 생산하는 능력을 말한다.
6. "보증종자"란 이 법에 따라 해당 품종의 진위성(眞僞性)과 해당 품종 종자의 품질이 보증된 채종(採種) 단계별 종자를 말한다.
7. "종자관리사"란 이 법에 따른 자격을 갖춘 사람으로서 종자업자가 생산하여 판매·수출하거나 수입하려는 종자를 보증하는 사람을 말한다.
8. "종자업"이란 종자를 생산·가공 또는 다시 포장(包裝)하여 판매하는 행위를 업(業)으로 하는 것을 말한다.
9. "종자업자"란 이 법에 따라 종자업을 경영하는 자를 말한다.

[표 1] 종자산업법 제2조(정의)

종자는 크게 야생종, 재래종, 계통, 품종과 같이 4가지로 구분된다. 야생종은 자연상태에서 만들어진 종자이며, 재래종은 인간에 의해 오랫동안 토착되어 내려온 지역 특산 종자이고, 계통은 여러 종류의 종자를 육성가가 자가수분 또는 타가수분을 거쳐 유전적으로 안정시킨 종자로서 모계와 부계로 나뉜다. 마지막으로 품종은 육성가가 유전적 개량을 위하여 각 계통을 교배하여 만든 품질이 우수한 개체로 상업적으로 판매된다.

---

3) 차세대 농작물 신육종기술 개발사업, 한국과학기술기획평가원, 2018.12

종자	정의
야생종	산이나 들에서 자연적으로 교배되어 생육되는 식물체 또는 그 종자. 야생종은 존 도태, 변이가 자연적으로 획득됨
재래종	예전부터 전하여 내려오는 농작물 또는 그 종자. 오랫동안 한곳에서 재배되어 풍토에 토착화되거나 격리된 환경에서 자연방임 교배를 통해 유전적 형질이 연적으로, 부분적으로 고정된 경우임. 일반종이라고 말함
계통	육종가가 야생종이나 재래종을 활용하여 자가수분 또는 타가수분을 거쳐 유전적으로 고정시킨 개체 또는 그 종자. 모계와 부계를 육성하여 교배조합을 통해 종을 개발함
품종	유전적 개량을 위하여 육종가가 각 계통을 개발하고 인위적으로 교배한 다음, 발된 개체군. 원예적으로 형질이 같은 제1대교잡종(F1, filial 1)이며 양친보다 육이나 특성이 우수한 성질을 갖는 잡종강세(雜種强勢) 특성이 있음

[표 2] 종자의 종류

모든 종자는 곧 유전자원이다. 육종가는 유전자원을 이용하되 여러 형태의 육종기술을 활용하여 원하는 품종을 개발하는데, 최근에는 다양한 생명공학기술을 육종에 접목하다 보니 육종에 사용되는 생명공학기술을 폭넓게 육종기술이라고 한다.

종자개발과 유전자원은 상반된 관계에 있다. 본래 지구상에는 많은 유전자원이 존재했지만 인류가 식량의 생산성 때문에 인위적인 육성(domestication)을 하다 보니 선발을 통해서 소수의 유전자원만 활용하게 되었다. 결과적으로 많은 자연적 유전자원들이 방치되어 도태되었고 특히 20세기 들어오면서 인위적인 육종을 본격적으로 추진하다보니 사용하는 유전자원의 감소가 심화되었다. 그러나 다행스러운 것은 기 유전자원을 활용하여 새로운 계통과 품종을 만들게 됨으로써 신유전자원이 증가하고 있다는 것이다.

각국에서는 소위 유전자원센터를 운영하면서 기존의 유전자원과 새로운 유전자원을 보유하고 있다. 한국의 경우에는 농촌진흥청 산하 유전자원센터에서 약 27만 점의 유전자원을 확보 중이며, 국내 각 종자기업은 육성가들이 수집해 놓은 상당량의 유전자원을 가지고 있다.

나. 종자산업의 정의[4][5]

종자란, 증식, 재배, 양식용으로 쓰일 수 있는 씨앗이나 버섯 종균 영양제와 포자를 의미한다. 종자산업은 농산물 · 수산물 · 축산물 생산을 위해 새로운 신규 품종을 육성하고, 이렇게 육성된 품종을 생산, 증식, 조제, 수입, 수출 등 관련 산업과 연계하는 것으로, 생산된 농 · 수 · 축산물의 특징을 결정하는 핵심요소로써 농 · 어업 관련 자재 산업과 함께 가공이나 유통산업을 통제하는 농 · 수 · 축산분야 전반적인 생산의 기반이다.

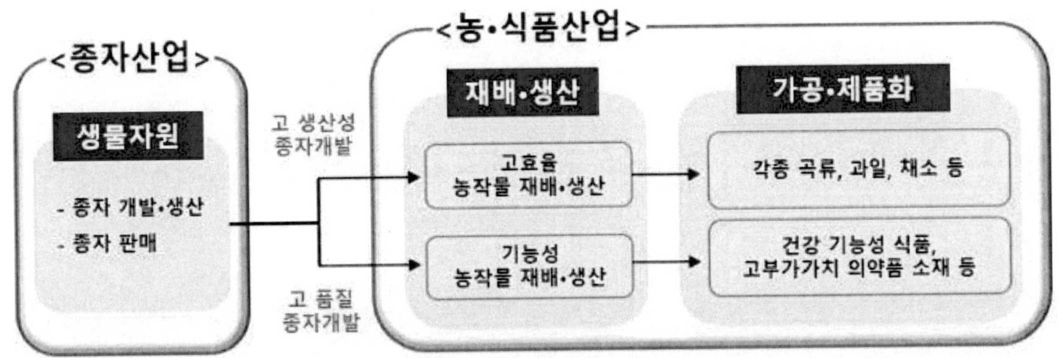

[그림 4] 종자산업의 역할

우리나라 종자산업법 제2조 제2항에서는 종자산업을 '종자를 연구개발, 육성, 증식, 생산, 가공, 유통, 수출, 수입 또는 전시 등을 하거나 이와 관련된 산업을 말한다'고 규정하고 있다. 보다 보편적인 의미로 종자산업은 작물생산을 위해 곡물, 채소, 화훼 등의 종자를 개발 · 육성 · 보급하는 산업을 말한다. 결국 종자산업은 종자개발을 통해 농업의 생산성과 부가가치를 높이는 후방산업 역할을 담당하고 있다.

한국농촌경제연구원에 따르면, 종자산업은 크게 유전자원, 육종, 생산/가공, 판매로 이루어진 4개의 단계로 구성되어 있으며, 단계별 연결고리를 잘 구축하는 것이 종자 전문기업의 경쟁력을 나타내는 지표로 분석되어 있다.

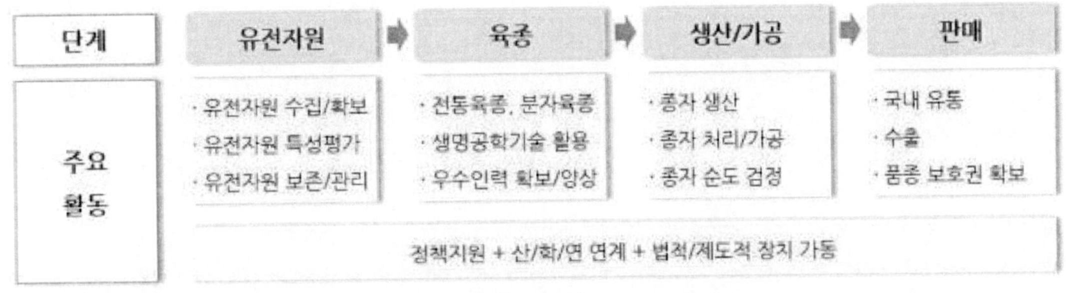

[그림 5] 종자산업의 주요 4단계

---

4) 식물(종자)분야 특허, BRIC View 동향리포트, 2020
5) 종자산업의 도약을 위한 발전전략, 한국농촌경제연구원, 2013.12

나아가, 신품종 개발 시 최소 5년 이상의 투자가 요구되며 종자가 지닌 유전자원은 품종보호
권을 통해 20년 이상의 상업적 독점이 가능하여, 우수한 품종 개발 시 고수익 창출이 가능하
다. 또한, 고가의 종자는 동일 무게의 순금보다 2~3배 이상 비싸게 거래되고 있다. 한국표준
금거래소에 따른 2023년 3월 중순 기준 순금 가격이 1g당 약 9.4만 원인 반면, 파프리카 종
자 가격은 1g당 10만원, 토마토 종자는 1kg당 1억 2000만원(9만 유로) 수준으로 거래되고 있
다. 이에 따라, 종자산업이 고부가가치 산업으로 인식되어 농업의 반도체로서 전 세계적으로
주목받고 있다.[6]

종자산업이 중요하기 부각되는 이유는 종자가 한 알의 '씨앗'에 불과한 것이 아니라 우량 종
자 미확보 시에 농작물수급에 막대한 영향을 초래하는 농업 부문의 원천산업이기 때문이다.
더욱이 종자는 농업생산뿐 아니라 생산 이후의 유통·가공·저장 방향을 결정하는 특성으로
인해 농자재산업이나 가공·유통산업에도 막대한 영향을 미친다.

최근 세계적인 기상이변이 속출하고, 신흥경제국의 식품소비 증가, 곡물을 원료로 한 바이오
연료 등으로 국제곡물 시장의 불확실성이 확대되고 있다. 이러한 식량수급의 불안정한 기조
속에서 자국의 식량공급 안정을 위한 다양한 전략과 함께 우량 종자를 확보하고자 국가 간의
경쟁이 치열해지고 있다. 종자산업은 국민의 먹을거리를 지속적으로 제공해 주는 중요 산업이
자, 식량주권을 굳건히 지켜내는 소중한 자산이라는 인식이 범세계적으로 확산되는 추세이다.

---

6) [농수산 수출시대]② 국가 경쟁력 된 '종자주권'…'현대판 노아의 방주' 씨앗은행은 어떤 곳? / 조선비
즈

다. 작물육종의 역사와 성과[7]

1) 작물육종의 역사

세계적으로는 Le Couteur and Sheriff이 1819년에 인공교배로 밀 품종을 육성한 것이 최초 육종 성과로 기록되고 있다. 1898년에는 영국에서 'Gartons limited'라는 종자회사가 설립되어 유럽에서는 일찍이 작물육종과 종자산업이 시작되었다.

우리나라에서 작물 육종은 1906년 권업모범장이 설치되면서 시작되었는데, 최초로 육성된 품종은 1932년 벼의 '남선1호'이었다. 채소에서는 1961년 배추 '원예1,2호'가 자가불화합성을 이용한 최초의 F1 품종이었고, 과수에서는 1968년 '단배'가 최초로 육성되었다. 이후 1971년에는 '통일벼'가 육성되어 우리나라 쌀의 자급자족을 달성하게 되었다. 작물 육종은 주로 농촌진흥청 산하기관들에서 이루어져 왔지만, 채소의 경우에는 1951년 '흥농종묘', 1967년에는 '농우바이오'의 전신인 '전진상회'가 설립되어 기업에서의 육종이 시작되었다. 관련학회로는 1945년 한국농학회가 발족되었다가 여러 분야로 나뉘어졌는데, 한국작물학회는 1962년, 한국원예학회는 1963년, 한국육종학회는 1969년에 창립되었다.

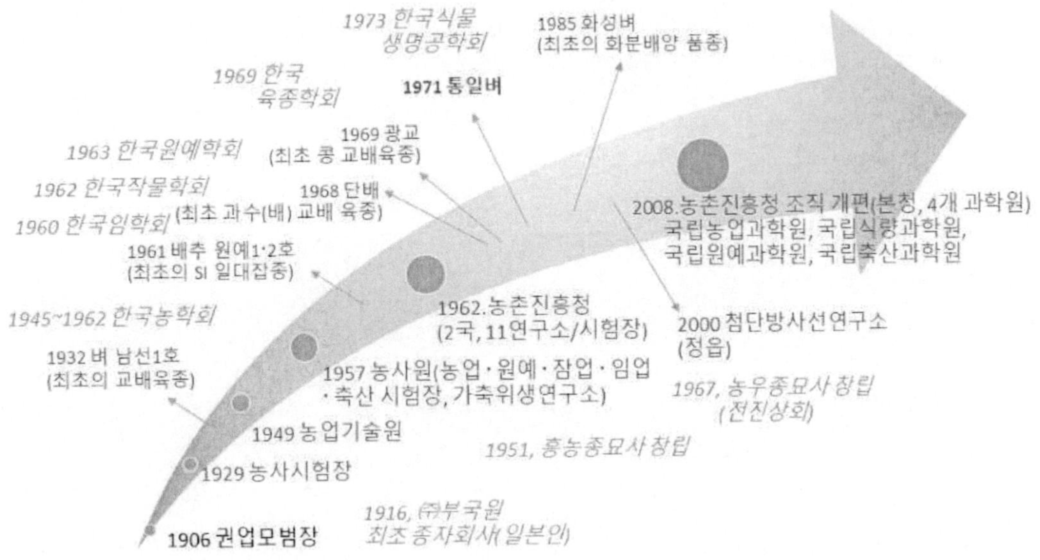

[그림 6] 우리나라 작물육종연구기관, 회사 및 학회 설립과 작물의 주요 품종 육성 기록

---

7) 우리나라 작물육종 성과와 발전 방안, 고희종, Korean J. Breed. Sci. Special Issue:1-7(2020. 4)

2) 작물육종 현황

 국립종자원에 보호 출원되는 품종은 해마다 700여 품종에 이르고 있고, 2022년까지 전체로 12,668개 품종을 육성 보호출원하였다. 이는 세계 7위 정도 수준이며, 양적으로는 육종 선진국이라고 자부할 만한 일이다. 그러나 품종명칭 등록 건수가 4만여 건에 달하고 있어 건수로만 보았을 때 시판되는 품종들의 3/4은 외국계 품종인 것을 알 수 있다. 종자 시장 경쟁이 우리나라 안에서도 치열한 만큼 우수품종 육성을 위한 노력을 한 시도 소홀히 할 수가 없는 것이다.[8]

<table>
<tr><td colspan="2" rowspan="2">구분</td><td rowspan="2">합계</td><td colspan="6">연도별 출원·등록 품종 수</td></tr>
<tr><td>'98~'17</td><td>2018</td><td>2019</td><td>2020</td><td>2021</td><td>2022</td></tr>
<tr><td rowspan="2">합계</td><td>출원</td><td>12,668</td><td>9,561</td><td>715</td><td>645</td><td>672</td><td>571</td><td>504</td></tr>
<tr><td>등록</td><td>9,262</td><td>6,901</td><td>549</td><td>489</td><td>433</td><td>427</td><td>463</td></tr>
<tr><td rowspan="2">화훼류</td><td>출원</td><td>6,215
(49.1%)</td><td>4,935</td><td>349</td><td>242</td><td>265</td><td>180</td><td>244</td></tr>
<tr><td>등록</td><td>4,746
(51.2%)</td><td>3,743</td><td>265</td><td>210</td><td>181</td><td>169</td><td>178</td></tr>
<tr><td rowspan="2">채소류</td><td>출원</td><td>3,157
(24.9%)</td><td>2,137</td><td>203</td><td>230</td><td>248</td><td>214</td><td>125</td></tr>
<tr><td>등록</td><td>2,100
(22.7%)</td><td>1,336</td><td>143</td><td>169</td><td>157</td><td>135</td><td>160</td></tr>
<tr><td rowspan="2">식량작물</td><td>출원</td><td>1,589
(12.5%)</td><td>1,251</td><td>62</td><td>53</td><td>66</td><td>91</td><td>66</td></tr>
<tr><td>등록</td><td>1,277
(13.8%)</td><td>1,020</td><td>70</td><td>53</td><td>45</td><td>38</td><td>51</td></tr>
<tr><td rowspan="2">과수류</td><td>출원</td><td>917
(7.2%)</td><td>626</td><td>64</td><td>85</td><td>53</td><td>49</td><td>40</td></tr>
<tr><td>등록</td><td>548
(5.9%)</td><td>362</td><td>41</td><td>30</td><td>26</td><td>80</td><td>39</td></tr>
</table>

---

8) 식물 품종보호 출원건수 12,668개 품종 돌파 / 국립종자원

특용작물	출원	436 (3.4%)	350	20	20	20	17	9
	등록	338 (3.6%)	261	14	15	12	13	23
버섯류	출원	253 (2.0%)	192	10	10	11	14	16
	등록	188 (2.0%)	136	9	11	9	14	9
사료작물	출원	101 (0.8%)	70	7	5	9	6	4
	등록	65 (0.7%)	43	7	1	3	8	3

표 3 작물류별 품종보호 출원·등록품종수

가) 품종보호 출원 현황

1998년 품종보호제도 시행 이후 2022년까지의 누적 출원 현황을 작물류 중심으로 분석해 보면, 장미, 국화, 거베라 등 화훼류가 49%(6,215개 품종)로 가장 많으며 고추, 배추, 무 등 채소류가 25%(3,157개 품종), 벼, 콩, 옥수수 등 식량작물이 13%(1,589개 품종), 복숭아, 사과, 포도 등 과수류가 7%(917개 품종)로 나타났다.

2022년 출원 현황을 작물류 중심으로 분석해 보면, 장미, 국화, 팔레놉시스 등 화훼류가 48%(244개 품종)로 가장 많으며 고추, 배추, 수박 등 채소류가 25%(125개 품종), 벼, 감자, 콩 등 식량작물이 13%(66개 품종), 복숭아, 사과, 포도 등 과수류가 8%(40개 품종)로 나타났다.

작물별로 보면, 2022년 가장 많이 출원된 작물은 장미로 55개 품종이 출원되었으며, 다음으로 국화 51개 품종, 고추 26개 품종, 벼 25개 품종, 팔레놉시스 19개 품종으로 나타났고, 상위 5개 작물에 화훼작물이 3개 작물 포함되었다. 상위 5개 작물의 출원품종수는 전체 출원품종수의 약 35%를 차지한다.

다음으로 출원인을 중심으로 보면 2022년 출원 중 외국에서 출원되는 비중은 약 21%(108개 품종), 내국인 출원 79%(396개 품종)로 나타났다. 내국인 출원은 도농업기술원 등 지방자치단체 29%(114개 품종), 농촌진흥청 등 국가기관 17%(67개 품종)를 차지하여 전체 내국인 출원 건의 46% 차지, 종자업체 26%(103개 품종), 개인육종가 17%(69개 품종)를 담당했다.

2021년 출원 현황과 비교해 보면, 2022년 출원 수는 571건에서 504건으로 12% 감소하였다. 작물류별로는 채소류 42%(214개 → 125개 품종), 식량작물이 27%(91개 → 66개 품종), 과수류

18%(49개 → 40개 품종) 순으로 감소한 데 비해 화훼류는 36%(180개 → 244개 품종) 증가하였다. 출원 상위 5개 작물에서는 고추, 벼 출원이 감소했지만, 장미, 국화, 팔레놉시스 출원은 증가하였다. 외국인 출원 비중은 14%에서 21%로 증가하였다. 품종보호출원이 되면, 서류 심사를 거쳐 국립종자원 본원(김천), 경남지원(밀양), 동부지원(평창), 서부지원(익산), 제주지원(제주)에서 작물별로 재배시험을 거쳐 품종보호 등록 여부를 결정하게 된다. 작물별 번식방법에 따라 재배시험 기간이 다르지만 일반적으로 품종보호 등록 결정까지는 출원 후 1년에서 3년이 소요된다.

    나) 품종보호 등록 현황

품종보호제도 시행 이후 2022년까지 누적 품종보호 등록된 9,262개 품종을 작물류별로 화훼류가 51%(4,746개 품종)로 가장 많으며, 채소류 23%(2,100개 품종), 식량작물 14%(1,277개 품종), 과수류 6%(548개 품종)로 나타났다.

작물별로 살펴보면 장미가 1,076개 품종으로 가장 많이 등록되었으며, 다음으로 국화 1,002개 품종, 벼 524개 품종, 고추 448개 품종, 배추 269개 품종으로 나타났으며, 상위 5개 작물의 등록건수는 전체 등록건수의 약 36%를 차지한다.

2022년 품종보호 등록된 463개 품종을 작물류별로 분석해 보면, 화훼류가 38%(178개 품종)로 가장 많으며, 채소류 35%(160개 품종), 식량작물 11%(51개 품종), 과수류 8%(39개 품종)로 나타났다.

작물별로 살펴보면 장미가 51개 품종으로 가장 많이 등록되었으며, 다음으로 고추 38개 품종, 국화 37개 품종, 무와 배추가 각각 18개 품종으로 나타났고, 상위 5개 작물에 채소류가 3개 작물 포함되었다. 상위 5개 작물의 등록건수는 전체 등록건수의 약 35%를 차지한다.

2022년 품종보호 등록된 품종 중 국내에 처음으로 등록된 작물은 11개 작물이며 총 14개 품종이 등록되었다. 처음 등록된 작물은 누운숫잔대(3개 품종), 뉴기니아봉선화(2개 품종), 마가렛, 선쑥바귀, 스파티필룸, 쓴메밀, 알로카시아, 양국수나무, 채두수, 타이뽕나무, 틸란드시아이다.

김종필 국립종자원 품종보호과장은 "식물신품종보호제도는 신품종 우량종자 육성·보급으로 농가소득 향상과 종자 수출 활성화에 기여하는 제도이며, 국립종자원은 품종보호제도의 내실있는 운영으로 신품종 육성가의 우수품종 개발 의욕을 고취하는 한편, 최근 신품종 개발이 증가하는 병 저항성, 기능성 신품종 심사기준을 설정하는 등 적극 행정으로 우리 신품종 개발을 뒷받침할 계획이다"라고 밝혔다.

다) 국산 종자 자급률 현황

구분	작물명	자급률(%)							
		'14	'15	'16	'17	'18	'19	'20	'21
채소	평균	85.8	86.4	87.1	87.1	89.5	89.9	89.9	90.1
	고추, 배추, 수박, 오이, 참외	100	100	100	100	100	100	100	100
	양배추	97.4	96.2	96.5	96.5	97.0	97.0	97.0	97.0
	잎상추	98.3	98.0	100	100	100	100	100	100
	파	93.1	93.5	94.0	94.0	94.0	94.2	94.2	94.2
	양파	18.0	19.1	22.9	23.0	28.2	29.1	29.3	31.4
	무	96.3	95.5	95.7	96.0	96.5	97.0	97.0	97.0
	호박	91.8	92.0	92.0	92.0	100	100	100	100
	토마토	35.0	38.0	38.0	38.0	53.9	55.3	55.5	54.9
	딸기	86.1	90.8	92.9	93.4	94.5	95.5	96.0	96.3
과수	평균	14.3	15.0	15.7	16.0	16.4	16.9	17.5	17.9
	사과	17.0	17.5	18.6	18.9	19.8	20.2	21.0	21.4
	배	12.0	12.5	13.0	13.2	13.6	14.2	14.5	15.0
	포도	1.9	2.5	3.1	3.6	3.8	4.1	4.5	4.6
	참다래	20.7	21.7	23.8	24.2	24.6	25.4	26.6	27.2
	감귤	1.0	1.8	2.0	2.2	2.3	2.5	2.8	3.2
	복숭아	33.0	34.0	33.5	34.0	34.5	35.0	35.5	35.7
화훼	평균	37.2	37.9	38.9	40.5	42.5	44.2	45.0	46.3
	접목선인장	100	100	100	100	100	100	100	100
	장미	29.0	28.8	29.5	29.8	30.0	30.3	31.0	31.1
	국화	27.9	29.7	30.6	31.6	32.1	32.7	33.1	33.9
	포인세티아	16.3	17.0	18.0	23.6	32.3	38.6	40.8	46.4
	난	12.9	13.8	16.4	17.3	18.2	19.4	20.2	20.3
특용	버섯	48.0	50.3	51.7	54.0	55.5	56.7	58.5	60.0

　국산 종자 자급률이 채소가 90%대로 매우 높지만 과수 17%대로 저조한 것으로 나타났다. 국립종자원에 따르면, 고추 등 주요 채소 작물 6종의 자급률은 100%로 매우 높고, 접목선인장 자급률 100% 달성한 것으로 나타났다. 국산종자 자급률을 2020년과 2021년을 비교하면, 채소는 89.9%에서 90.1%로 소폭 증가한가운데, 과수도 17.5%에서 17.9%, 화훼도 45%에서 46.3%로, 버슷도 58.5%에서 50%로 각각 증가하였으며, 버섯의 증가율이 가장 높았던 것으로 나타났다.[9]

---

[9]국산 종자 자급률 채소류 90.1%, 과수는 17%대로 저조 / 팜인사이트

라. 종자산업 중요성의 배경[10)

① 종자의 대량 소비를 위한 농 기업화의 빠른 진전

 종자산업은 농작물 생산 성패를 좌우하는 주요 결정 요소 중의 하나로서, 우량종자 확보에 성공하지 못했을 때 농작물을 수급하는 데 막대한 영향을 미치는 원천산업으로 알려져 있다. 농업산업은 과거에 자급자족 개념으로 종자를 자가 재배하여 매우 소규모 단위로 생산하고 소비하는 구조에 불과하였으나, 농업이 점차 발전함에 따라 생산규모는 점차 확대되었고 판매 중심인 상업농이 형성 되었다. 이로 인하여 세계적으로 농업의 기업화가 진행되면서 종자의 대량 구매가 필요해졌고 이에 따라, 우량종자의 생산 확대가 반드시 필요하게 되었다.

 더욱 나아가 종자는 농작물 생산과 함께 유통, 가공, 저장을 결정하는 특성을 통하여, 농자재 산업과 가공·유통산업에서도 큰 영향을 미치는 중요 산업으로 재평가 되고 있다. 이로 인하여 미국을 비롯한 세계의 농업 강국들은 안정적으로 우량종자를 생산하려는 노력을 지속하고 있다.

② 식량 주권과 이에 따른 연계

 최근 전 세계적으로 기상 이변과 신흥 경제국의 도시화, 바이오 에너지 수요 증가, 소득 증가로 인한 농작물 소비 증대 등으로 국제 곡물 수급의 불안정 동향이 확대되고 있다. 대표적인 사례로 2008년 애그플레이션(agflation: 곡물가격 증가로부터 영향받아 일반 물가가 상승하는 현상)이었으며, 당시 곡물 수출국들은 급등하는 국제 곡물가격 때문에 수출을 통제하기도 하였다.

 2012년에도 국제 곡물의 선물가격이 최고치를 경신하면서 국내 식품 가격 급등을 유발하였다. 이와 같은 식량 수급의 불안정한 상태 속에서 자국 식량공급 안정을 위하여 주요 전략과 함께 우량종자를 확보하기 위한 국가 간 경쟁은 점차 치열해지고 있다. 종자 산업은 국민 먹을거리를 계속 제공해 주는 중요 산업이자, 식량 주권을 지켜내기 위한 소중한 자산이라는 인식이 전 세계적으로 확산한 것이다.

③ 종자산업 영역의 확대

 종자산업은 새로운 종자 개발을 위하여 교배 육종의 기술이 주도적으로 형성하였으나, 최근에는, 의약이나 재료 산업, 나노기술 등과 접목한 융복합산업화로 영역이 매우 확대되고 있다. 특히, 선진국과 글로벌 기업들은 생명공학 기술 활용을 통하여 기후 변화에 대응한 내재해성의 유전자 개발에 몰두하였고, 일부 업체에서는 이미 막대한 이익을 얻고 있다. 대표적인 글로벌 종자 기업 중 하나인 Monsanto의 종자 판매액(2014년)은 107억 달러, Syngenta는 3,160억 달러로 알려져있다. 이처럼 종자산업은 첨단 생명 과학 기술 산업까지 영역이 확대됨에 따라 막대한 이익 창출이 가능한 산업으로 급부상하고 있다.

---

10) 식물(종자)분야 특허, BRIC View 동향리포트, 2020

마. 종자산업 육성의 필요성[11]

① 미래 성장동력 산업으로써 종자 산업은 앞으로 발전 가능성이 높은 분야이다.
 종자는 농업산업에서 안전한 식량 수급뿐만 아니라 생명산업의 요체로서 바이오 에너지, 식품산업, 제약산업 등과 같은 미래 녹색성장의 기반으로써 제 2녹색혁명의 키워드인 종자는 전 세계적으로 인구 증가에 문제로 인한 식량 위기나 생활 수준 향상에 따른 수요 급증과 저 탄소 녹색 성장을 위한 바탕이 된다.

 또한, 종자산업은 기술 자본 내에 집약적 고부가가치 산업으로써 우수한 인적자원과 더불어 풍부한 기술력을 보유한 우리나라에 매우 적합하다고 판단된다. 게다가, 생명공학기술 등과 같은 첨단기술에 접목하여 국내의 지속적인 R&D에 대한 노력으로 선진국과의 기술력 차이의 극복은 가능해질 것으로 보인다.

② 국내뿐만 아니라 전 세계는 유전자원 확보경쟁과 품종보호권 확대를 통해 종자 주권을 강화하고 있다.
 현재 종자산업과 관련하여 유전자원에 대한 규제(생물다양성협약 등)나 유전자원 수집을 위한 국가 간 경쟁은 점차 심화 되고 있으며, 이에 따라 국제식물 신품종보호연맹(UPOV)에 가입을 통한 로열티 지급 의무가 발생한 품종들이 급증하고 있다. 이에 따라 민간 글로벌 종자 관련 회사를 중심으로 하여 유전자원을 활용하는 종자 개발 생산 유통 수출 · 입 등을 주도하고 있다.

③ 세계 5위 농업유전자원을 보유하고 있는 우리나라는 선점한 유전자원에 대하여 품종에 따른 특성 분석을 통해 유용자원의 발굴이 용이하다. 또한, 종자산업의 국제적인 시장 확대로 고품질 종자 교역량이 급증하고 있다.
 세계 종자 시장은 연평균 5.2%로 빠르게 성장하고 있으며, 세계 상업용 종자 교역량은 1990년대 이후부터 매년 급격하게 성장하고 있다.

④ 내수시장의 매우 협소함이라는 한계를 극복하기 위해서는 수출시장 확대를 통해 종자산업의 규모화가 필요하다고 판단된다.

⑤ 글로벌 종자 관련 회사의 대형화와 규모화에 따른 국내 종자산업 경쟁력 강화를 위해서는 국가 차원에서의 육성 전략이 필요하다.
 전 세계적으로 종자회사는 대형화와 집중화를 통한 많은 자본, 시간이 소요되는 종자 개발 위험요인을 제거하고자 계획하고 있으며, 시장지배력의 강화를 시도하고 있다. 또한, 시장 상황에 대응하기 위하여 선제적으로 R&D 집중 투자를 진행하고 있다.

 이와 같이, 고부가가치의 품종을 육성하기 위한 전 세계의 치열한 경쟁에서 밀려나지 않기 위해서는 국내에서도 민간뿐만 아니라 정부의 역량과 함께 R&D 집중 투자가 매우 필요하다.

---

11) 식물(종자)분야 특허, BRIC View 동향리포트, 2020

⑥ 세계시장 진출을 위해 글로벌적인 전략 수출 종자 개발이 강화되어야 한다.

글로벌 시장 수요를 잡기 위해서는 세계적으로 소비되는 작물인 토마토, 파프리카, 양파 등 부가가치가 매우 높은 작물의 경쟁력 확보가 중요하다. 또한, 수출 가능성과 시장잠재력이 높은 전략적 품목의 집중 육성을 위해서 전략적인 지원이 필수적이다.

⑦ 농·식품 분야 전반에서 종자산업은 매우 핵심적인 역할을 담당하고 있다.

고 생산성의 종자개발을 통해 농업부문의 생산성이 향상되고, 고품질 종자 개발을 통해 기능성 농작물용 고부가가치가 창출된다. 또한, 유전자원을 활용함으로써 식물 유래 치료제나 기능성 식품 등 제품 응용 범위 확대로 종자산업은 식품분야 뿐만 아니라 제약산업 등과 융·복합화가 추진되고 있다.

03

종자산업 동향

3. 종자시장 동향

가. 국외 동향[12][13][14]

세계 식량종자시장 규모는 2022년 481억 달러에서 2025년 585억 달러로 연평균 4.7% 성장할 것으로 보이며, 세계 채소종자시장도 2020년 150억 달러에서 2025년 186억 달러로 연평균 7.8%의 성장세를 보일 것으로 예상된다.

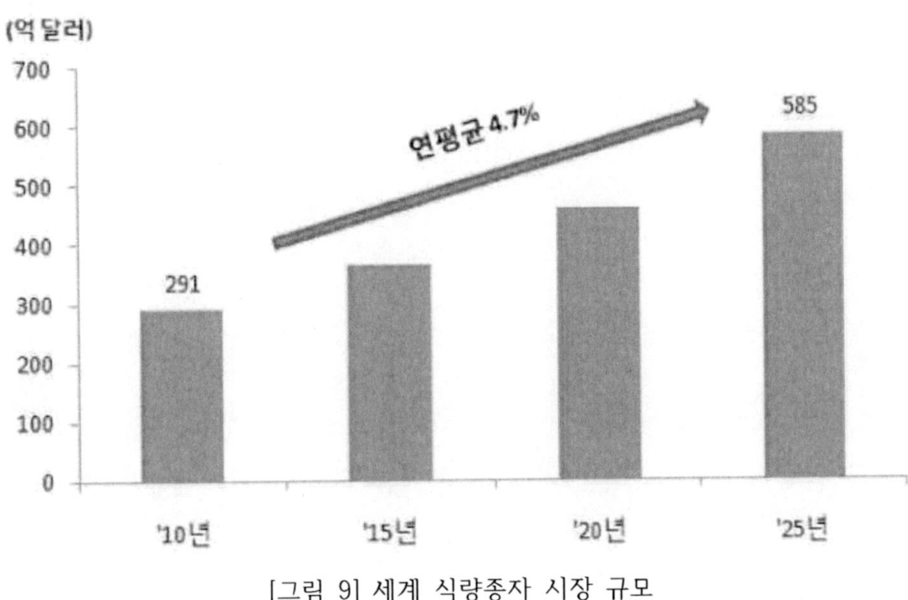

[그림 9] 세계 식량종자 시장 규모

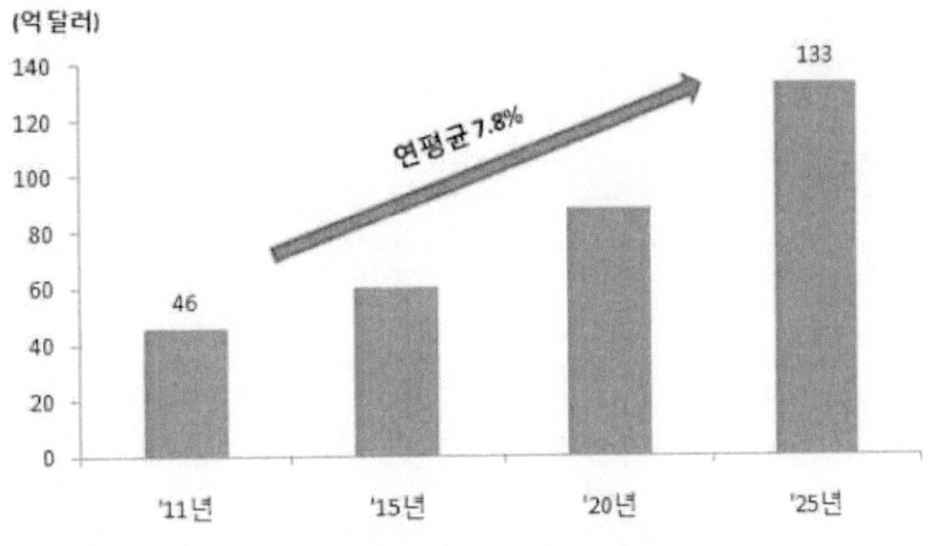

[그림 10] 세계 채소종자 시장의 시장 규모

12) 신육종기술(NPBTs), KISTEP 기술동향브리프, 2018
13) 농우바이오(054050), 한국 IR협의회, 2021.01.21
14) 아시아종묘(154030), 한국 IR협의회, 2021.04.01

Phillips McDougall Seed Service에 따르면 세계 종자 시장은 2022년 469억 달러에서 2025년 512억 달러 규모로 연평균 3.9%의 성장세를 보이며, 종자 시장뿐만 아니라 연관 산업까지 고려하여 780억 달러 수준으로 추정되고 있다.

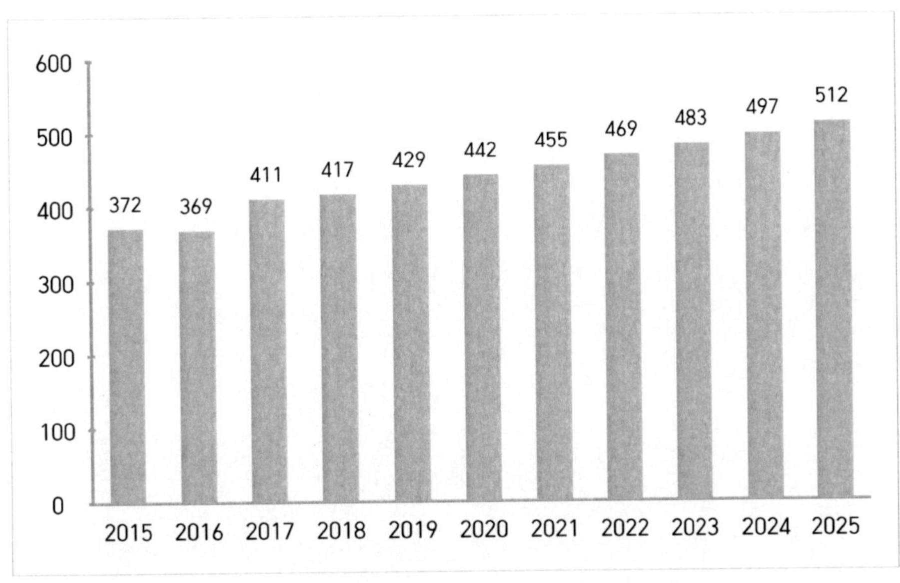

[그림 11] 세계 종자 시장 규모(단위: 억 달러)

세계 종자 시장은 소수 대규모 회사의 독과점 체계를 구축하고 있다. 이중 GMO를 포함한 곡류가 53%로 가장 많은 비중을 차지하고 있으며, 채소 종자는 14%를 차지하고 있다. Bayer, akata, Rijk Zwaan이 채소 종자 업체의 선두그룹으로 파악된다.

시장조사기관 MarketsandMarkets의 2019년 시장자료에 따르면, 세계 종자 시장규모는 2023년 712억 달러로 예측되고 있으며, 이후 연평균 6.4%의 성장률로 성장하여 2025년 809억 달러의 시장규모를 이룰 것으로 전망되고 있다.

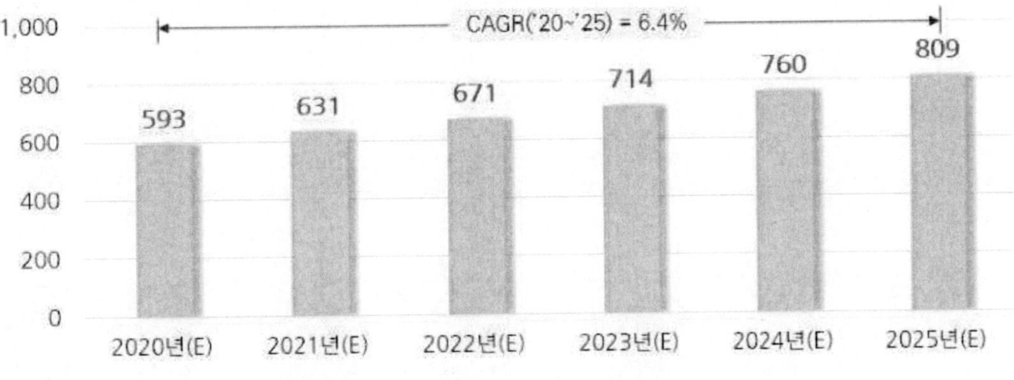

[그림 12] 세계 종자 시장규모 (단위: 억 달러)

세계 종자 시장은 GM(Genetically Modified, 유전자변형) 품종 확산에 힘입어 해충 저항성 옥수수 및 면화 품종, 제초제 저항성 콩 품종 등 고가의 작물 재배면적이 늘어나며, 유전자원 이 풍부한 네덜란드, 프랑스, 미국 등을 중심으로 확대되어 시장이 형성되어 있다. 세계종자협 회(ISF, International Seed Federation)의 최근 통계자료에 따르면, 2018년 기준 세계 종자 수출 총 규모가 138.1억 달러이며, 네덜란드가 28.3억 달러로 가장 크게 시장을 점유하였고, 프랑스가 19.7억 달러, 미국이 19.2억 달러, 독일이 9.3억 달러로 그 뒤를 이었다.

국가	수출 규모(점유율)
네덜란드	28.3억 달러(20.5%)
프랑스	19.7억 달러(14.3%)
미국	19.2억 달러(13.9%)
독일	9.3억 달러(6.7%)
덴마크	4.6억 달러(3.3%)
한국	0.7억 달러(0.5%)
계	138.1억 달러

[표 4] 주요 국가의 종자 수출 규모

한편, 세계 주요 종자 기업은 경쟁력을 강화하기 위하여 전통적인 소규모 종자 기업이나 특 정 기술을 보유한 기업을 전략적으로 인수합병하며 다국적 기업으로 성장하였다. 현재 세계 시장을 선점하고 있는 대표적인 주요 기업으로는 2018년 미국의 다국적 종자기업인 Monsanto(몬산토)를 인수한 독일 기반 다국적 화학/제약기업 Bayer(바이엘), DuPont(듀퐁), 중국화공그룹공사가 인수한 Syngenta(신젠타) 등이 있다.

GM작물의 경우 세계적인 재배면적 비중이나 시장에서의 종자 가치 등을 고려할 때 종자 시 장의 상당 부분을 차지하고 있다. GM작물의 재배면적은 미국, 브라질 등을 중심으로 꾸준히 증가해왔으며, 세계 경작면적 중 4대 작물(대두, 옥수수, 면화, 캐놀라)의 GM작물 비중이 약 49%를 차지하고 있다. GM종자의 시장가치는 2016년 기준으로 158억 달러이며, 세계 종자 시장가치인 450억 달러의 35% 수준으로 예상된다. 이를 기준으로 살펴보면 2025년의 GM종 자의 시장가치는 204억 달러에 달할 것으로 전망된다.

글로벌 유전자가위 시장은 2014년 2억 달러 수준에서 연평균 36.2% 성장하여 2022년까지 지금의 시장규모보다 10배 이상 증가한 23억 달러에 이를 것으로 전망된다. 유전자재조합식품 의 시장규모는 2022년까지 3억 6,800만 달러 수준이며, 유전자재조합식품 분야의 경우 현재 의 기술 수준으로 보았을 때 유전자가위기술을 가장 빨리 상용화하여 제품군으로 만들 수 있 는 분야로 언급된다.

1) 네덜란드[15]

네덜란드는 농업 강국, 특히 세계 종자연구를 이끌어가는 국가로서 식량 문제에 적극 참여하고 있으며 종자 기업들은 채소, 감자, 관상용 식물 종자의 세계적인 공급처로 역할을 하고 있다.

1876년 설립된 와게닝겐(Wageningen) 국립 농업대학은 외부환경에 강하고 맛있는 밀을 생산하고자 체계적인 밀 품종 교배를 시작했고, 1912년에는 식물 육종을 위한 기관을 설립하여 종자회사와 농민들이 새로운 품종을 시험하는 데 도움을 줬다. 이후 분자 생물학 발전으로 이어져 다양한 식물의 DNA를 추출하여 식물의 특성들을 바꾸는 것을 가능하게 만들기도 했다.

이런 노력에 힘입어 오늘날 네덜란드는 종자 및 식물 재료 부문에서 세계 최대 수출국 중 하나로서 종자 분야에서는 야채 종자, 씨 감자, 커트 플라워, 꽃 구근, 실내 및 정원 식물, 잔디, 아마 식물에 강점을 가지고 있다.

네덜란드는 기업, 정부, 품질 검사기관, 연구 및 교육 부문 간에 협력이 잘 이뤄지며, 자국의 전문지식과 경험을 세계적으로 공유하는 데에 책임감을 가지고 정부 부처 간 긴밀히 협력하고 있다. 나아가 종자에 관한 국제조약을 발전시키는 데 앞장서며 종자분야 개발에 관심이 많은 20여개 국가를 지원하는 등 세계 식량 안보 증진에 기여하고 있다.

네덜란드 기업들은 전세계 채소원예, 꽃, 감자 종자 분야의 선두를 달리고 있다. 2016년 네덜란드 정부 발표 자료에 따르면 네덜란드에는 300여개의 전문적인 식물 재배 및 육성 회사가 있으며 11,000명 이상의 직원들이 채소원예, 씨 감자, 꽃, 장식용 경작과 번식 재료 분야에서 활발히 활동하고 있다.

매년 약 1,800종의 식물 신품종이 유럽 시장에서 유통되는데 그 중 65%는 네덜란드에서 생산되며, 국제무역에서 거래되는 원예 재배용 종자의 40%, 감자의 60%가 네덜란드에서 생산되고 있다. 특히, 2017년 기준 세계 화초재배시장은 673억 달러 규모이며 2026년까지 연평균 5% 성장할 것으로 예상되는데, 네덜란드 화초재배 상품은 세계무역의 44%를 차지하며 꽃, 꽃 구근 제품을 지배적으로 공급하고 있다.

네덜란드 종자회사들은 국제 진출도 활발한데 250여 개 네덜란드 기업을 대표하며 종자와 원예작물을 생산, 거래하고 있는 플랜텀(Plantum)의 대변인에 따르면 네덜란드 종자 분야의 국제화가 빠르게 진행되고 있어 유럽 밖 네덜란드 종자회사의 지사 수가 지난 몇 년 간 급증해 왔다.

네덜란드는 종자 관련 국제조약을 발전시키는 데 적극적인 역할을 하고 있으며 세계은행(World Bank)이 선정한 '2019 농업비즈니스 활성화(Enabling the business in Agriculture 2019)' 부문에서 종자 규정이 가장 우수한 국가로 꼽히는 등 역량을 인정받아 각국 정부들은

---

15) 종자산업 강국 네덜란드 TOP3 토종 종자기업, KOTRA, 2020.04.24

자국 종자분야 발전을 위해 네덜란드와 협업하고자 한다. 특히, 아프리카에서 현지 종자의 질 개선과 생산량 확대를 위한 다양한 프로젝트를 펼치고 있다.

 암스테르담 종자 재단(Access to Seeds Foundation)은 전세계 종자 기업 중 상위 13개 기업을 선정했는데 그중 네덜란드 기업은 라이크즈반(Rijk Zwaan), 베요(Bejo), 엔자자덴(Enza Zaden)으로 총 세 곳이 선정되었다. 이 기업들은 주로 라틴 아메리카, 아프리카, 동남아시아에서 활동하고 있다.

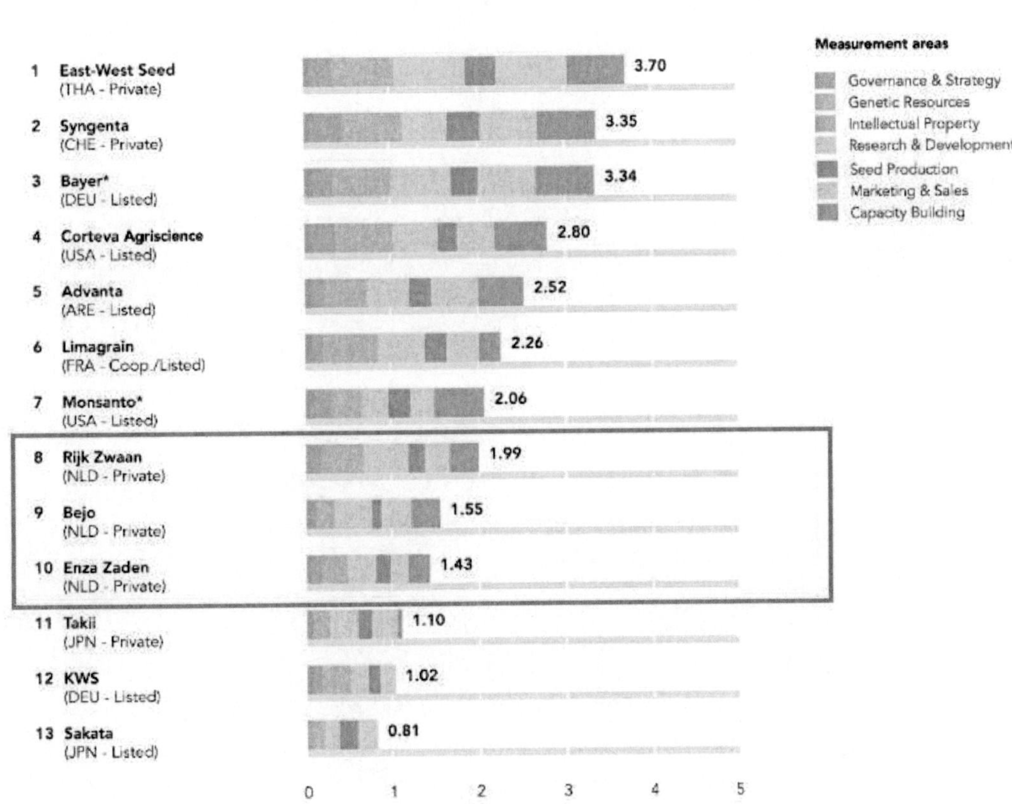

[그림 13] 2019 Access to Seeds Index 세계 종자 기업 순위

2) 중국[16]

종자는 농업의 핵심이며, 식품의 안전을 보장하고 소비자의 식생활과 농산품의 발전을 위한 기본 출발점이라고 볼 수 있다. 중국은 종자 자원이 풍부할 뿐만 아니라 이러한 종자 자원을 바탕으로 만들어진 농작물 종자 역시 풍부하다. 가령, 국가의 농작물 종자 수입에 있어서 미국은 6%, 독일은 56%의 비중인데 비하여 중국은 전체 종자 소비량의 3% 정도를 수입 의존에 그치고 있어 중국의 종자 산업은 자체 발전 역량을 보유하고 있고 향후에도 양호한 성장세를 보일 것으로 전망되고 있다.

종자와 비료 등으로 구성되는 중국의 재배 원료 시장을 먼저 살펴보면, 2015년 3,253억 위안에서 2020년 3,918억 위안에 달하여 6년간 평균 3.8%의 복합성장률을 보였으며, 향후 2025년이 되면 4,464억 위안에 이를 것으로 전망된다. 재배원료는 농산물 생산 과정에서 사용되거나 첨가되는 물질이라고 불 수 있다. 종자, 종묘, 비료, 농약, 수약, 사료 및 사료첨가제 등 농자재 생산품과 농막, 농기계, 농업공학시설 설비 등 농사용 공사 물자 생산품을 포함한다.

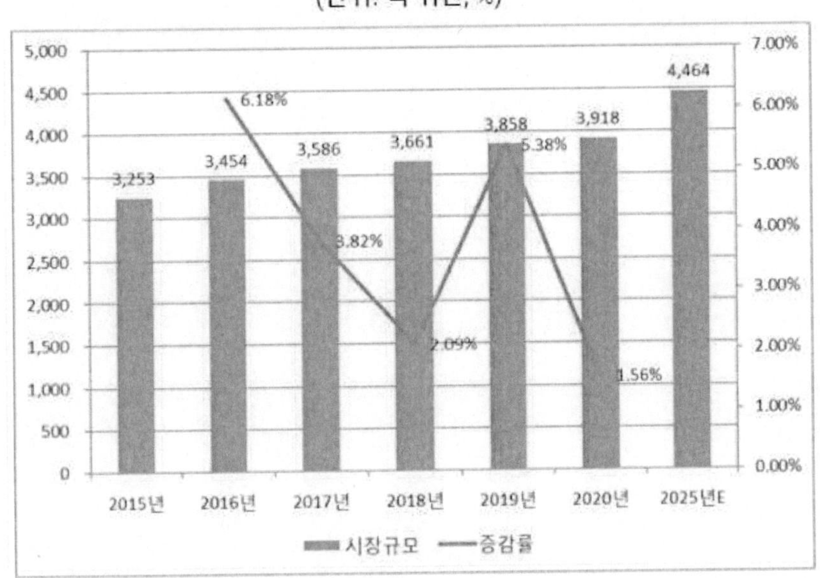

<2015-2025년 중국 재배 원료 시장 규모 및 증감률>

(단위: 억 위안, %)

[자료: 화경산업연구원(华经产业研究院)]

중국 종자 산업은 타국에 비해 비교적 늦게 시작되었으나 양호한 성장세를 보이고 있다. 통계에 따르면, 중국의 종자 시장 규모는 2015년 493억 위안에서 2020년 552억 위안에 달하여 최근 6년간 평균 복합성장률 2.3%을 보였고 향후에는 6년간 5.8%의 복합 성장률을 통해 2025년에 732억 위안까지도 성장할 것으로 보인다. 중국 재배 원료 산업 중에서 종자산업은 약 14%대의 비중을 차지하고 있으며, 2015년부터 6년간 평균 14.7%의 점유율을 유지해 오고 있다. 향후 2025년에 이르면 종자산업의 비중이 16.4%까지 확대될 것으로 전망된다.

---

16) 지속 성장이 예상되는 중국 종자 시장 / CSF 중국전문가포럼

<2015-2025 중국 종자산업 시장 규모 및 재배 원료 산업 내 비중>

(단위: 억 달러, %)

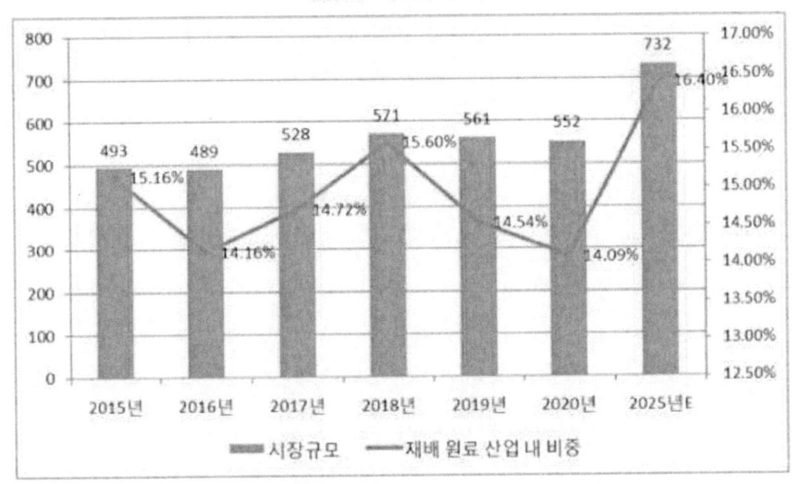

[자료: 화경산업연구원(华经产业研究院)]

중국 농산품은 대부분 중국에서 독자적으로 육성한 종자를 활용하여 재배된다. 종자는 대략 농작물, 경제작물, 채소작물, 주요 과일 종자로 구분할 수 있는데 그중 농작물과 경제작물 관련 재배면적의 95% 이상이 중국의 자체 육성한 종자로 재배된다. 채소작물의 경우, 자체육성 종자 활용 재배면적은 87% 이상이며 외국에서 수입한 종자로 재배되는 면적은 10% 미만이다. 주요 과일의 경우 재배면적의 70% 이상이 중국 자체 육성 종자에 의해 재배된다.

<중국 자체 육성 종자의 중국 내 재배 면적 비중>

종류	주요 작물	자체육성종자비중	외국종자비중
종자구분	농작물	>95%	4.00%
	경제작물	>95%	<3%
	채소작물	>87%	<10%
	주요 과일	>70%	30%
농작물	벼	100%	4.00%
	밀	100%	
	옥수수	>90%	
	대두	100%	
경제작물	섬유 (면화)	>95%	5.00%
	유료(油料) (유채)	100%	
	당료(糖料) (사탕수수)	100%	
채소작물	주요 채소	>87%	<10%
	특수채소	20%	
	신선식 옥수수	>80%	
주요과일	사과	10%	30%
	배	85%	
	귤	>90%	

자료 : 농업농촌부, 국가통계국, 중국농업과학원, 국가현대농업산업기술 시스템

중국의 자체 육성 종자가 중국 재배면적의 대다수를 차지하고 있으나 해외 종자에 대한 수요 역시 간과할 수 없다. 2001년 중국이 WTO에 가입한 이래 여러 유명 종자업계 대기업들이 중국에 합작회사, 지사 또는 대표 사무소를 설립했다. 듀폰 파이오니어, Monsanto, Syngenta, Limagrain, 독일 KWS사는 매년 거액을 들여 신품종 R&D 및 기술 현지화 전략에 집중 투자하고 있으며 기술과 자금력을 앞세워 다양한 파트너를 모색해 중국 내 R&D 강화 및 시장 진출 확대를 추진하고 있다.

중국의 종자 수입 규모는 2015년부터 꾸준히 상승세를 유지하다가 2019년도에 1.7% 가량 하락했으나 이듬해 다시 성장세를 회복했다. 2020년 중국 종자 수입액은 2억 3,816만 5,000달러로 2019년 2억 2,413만 9,000달러 대비 6.3% 증가하였다.

2020년 중국의 종자 수입액 2억 3,816만 달러는 수출액(1억 1,857만 달러)에 비해서는 2배가량 높은 상황이다. 중국의 최대 수입국은 일본으로 최근 3년간 약 5,000만 달러에 달하며 일본에 이어 태국, 칠레, 덴마크가 주요 수입국이며 한국은 8위로 최근 3년간 약 1,000만 달러 이상 규모를 유지하고 있다.

<중국 종자 (HS CODE 120991) 수입동향>

(단위: 천 달러, %)

순위	국가명	2018년 금액(증가율)	2019년 금액(증가율)	2020년 금액(증가율)
	총계	227,988 (13.2)	224,139 (-1.7)	238,165 (6.3)
1	일본	51,495 (-5.3)	54,049 (5.0)	47,841 (-11.5)
2	태국	28,360 (1.4)	26,640 (-6.1)	30,167 (13.2)
3	칠레	20,620 (28.8)	28,034 (36.0)	29,839 (6.4)
4	덴마크	30,479 (60.4)	24,044 (-21.1)	29,311 (21.9)
5	프랑스	6,310 (64.8)	7,012 (11.1)	12,308 (75.5)
6	남아프리카 공화국	4,173 (49.3)	6,297 (50.9)	12,211 (93.9)
7	이탈리아	8,330 (-24.1)	8,603 (3.3)	11,742 (36.5)
8	한국	12,119 (3.6)	11,391 (-6.0)	10,894 (-4.4)
9	인도 (인디아)	7,512 (25.8)	10,878 (44.8)	9,418 (-13.4)
10	미국	22,717 (46.5)	17,088 (-24.8)	9,415 (-44.9)

[자료: 한국무역협회(KITA)]

첸잔산업연구원(前瞻产业研究院) 자료에 따르면, 중국 종자산업의 시장점유율을 볼 때 2020
년 룽핑 하이테크(隆平高科)가 중국 종자 시장의 4%를 점유해 1위를, Syngenta는 3%를 차
지해 룽핑 하이테크에 이어 2위를 차지했다. 베이다황 컨펑(北大荒垦丰), 장쑤 다화(江苏大
华), 광동 시엔메이(广东鲜美)가 각각 2%, 2%, 1%의 점유율을 차지했다.

<주요 기업 동향>

기업명	홈페이지	회사 소개
룽핑 하이테크 (隆平高科)	www.lpht.com.cn	- 1999년 설립 - 주요 취급품목은 벼, 조, 옥수수, 오이, 고추 종자 등
Syngenta (先政达集团)	www.syngentagroup.com	- 유럽 제약업체 노바티스와 아스트라제네카의 농약 부문 이 합병해 설립된 기업으로, 2016년 중국화공그룹에 인수 - 주요 취급품목은 옥수수, 대두, 유채, 곡물, 채소 등
베이다황 컨펑 (北大荒垦丰种业)	www.kenfeng.com	- 2007년 설립 - 옥수수, 벼, 콩, 밀, 보리, 사탕무 등 238개 농작물 취급
장쑤 다화 (江苏大华种业)	www.31dh.com	- 1993년 설립 - 주요 품목은 밀, 벼, 옥수수, 대두, 경제작물 등
광동 시엔메이 (广东鲜美种苗)	www.gdxmzm.com	- 2000년 설립 - 옥수수, 벼, 수박, 참외, 채소 및 신품종 취급

[자료: 각 업체 홈페이지]

글로벌 종자 시장의 상황을 보면 현재 인수합병(M&A)을 통해 업계 통합이 가속화되고 있다.
다국적 종자산업 그룹은 지속적인 M&A와 지분참여를 통해 해외 시장 확장에 나서면서 전 세
계 주요 시장 대부분을 커버하고 있다. 듀폰 파이오니어, Monsanto, Syngenta, Limagrain,
독일 KWS 등 다국적 대형 종자기업들은 잇따른 M&A을 통해 독자적인 업계 입지를 다지고
있으며, 규모의 경쟁력이 갈수록 부각되고 있다. 또한 다국적 대형 종자 대기업들은 중국에
합작회사, 지사 등을 설립하여 R&D와 현지화에 투자하여 중국 시장 개척을 확대해 나가고 있
다.

현지 관련 업체인 A사는 중국 종자산업과 관련해 "현재 중국 종자산업 발전 속도가 빠르기
는 하나 글로벌 측면에서 보면 아직 발전 수준이 비교적 낮다. 글로벌 거대 종자기업의 시장
점유율을 가져오기는 힘들어 보이며, 일부 품종은 대외 의존도가 강하다. R&D와 생산라인 투
자 등 부족한 역량에 집중해 질적 발전을 촉진할 필요가 있다."는 의견을 언급한 바 있다.

3) 일본[17)]

2019년도의 일본 총 종묘시장(종자시장 + 종묘시장, 출하액 기준) 규모는 2018년 대비 1.2% 증가한 2,371억 엔을 기록하였다. 그 중 종자 시장은 1,234억 엔으로 전년대비 0.6% 감소하였다.

	2016년도	2017년도	2018년도	2019년도
종자시장	1,269	1,252	1,242	1,234
모종 시장	1,103	1,111	1,124	1,137
전체	2,372	2,363	2,366	2,371

표 5 총 종묘시장 규모 추이 (단위: 억 엔)/ 자료: 야노경제연구소

종자시장 중 야채류가 시장의 46.7%를 차지하고 있으며, 곡물류(23.7%), 화훼류(22.9%)가 그 뒤를 잇고 있다. 야채 씨앗의 수입 규모는 해마다 증가하고 있으며 2019년은 186억 엔을 기록하였다. 종자시장은 야채용 씨앗 비즈니스에서 종묘 비즈니스로 이행 중이며 화훼류에서 도 이 경향이 강해지고 있는 상황이다

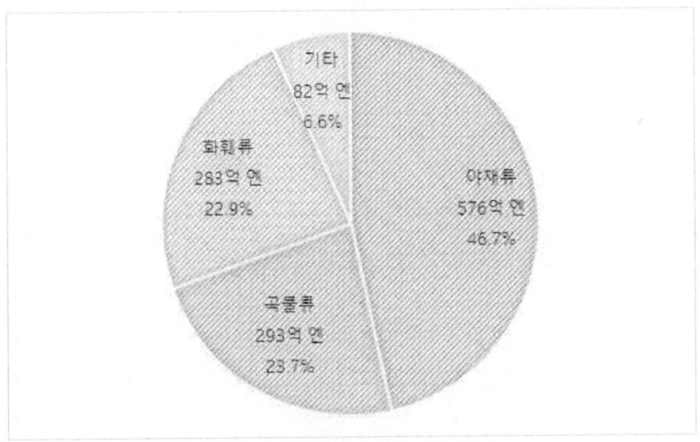

그림 19 일본 국내 종자시장의 분야별 시장 구성비(2018년
도) (단위: %) / 야노경제연구소

---

17) 일본 야채 씨앗 시장동향 / 코트라 해외시장뉴스

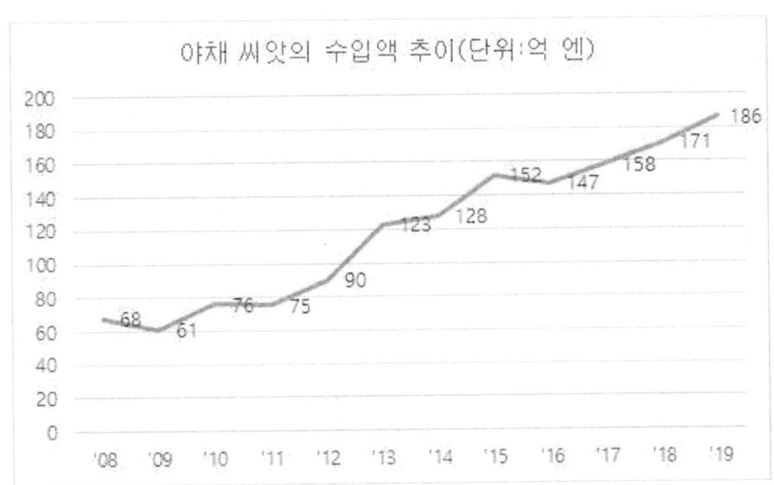

그림 20 야채 씨앗 수입액 추이 / 자료 : 재무성

  2020년도는 집콕 소비로 가정용 씨앗의 수요가 생겼으나 전체적으로는 물류시장의 혼란,급식
용, 음식점용 야채의 수요 감소 등으로 인해 전년대비 6.6% 감소한 1,153억 엔을 기록했다.
그 중 야채류는 558억 엔을 기록하였다. 중장기적으로 농업 종사자의 고령화, 후계자 문제로
인해 완만한 시장 축소가 예측되고 있다.

	2020년도	2021년도	2022년도	2023년도	2024년도
야채류	558	549	543	540	538
화훼류	269	262	258	256	254
곡물류	287	285	282	281	278
기타	81	80	81	82	83
전체	1,195	1,176	1,164	1,159	1,153

표 6 종자시장의 장래 전망 (단위: 억 엔) / 자료: 야노경제연구소

<최근 3년 간 수입 규모(한국 포함) 및 동향>
일본 수입 시장, 2020년은 전년대비 약 42% 증가

  HS Code 1209.91의 2020년 전체 수입액은 약 1억 5,286만 달러 규모였으며, 이 중 약
34%를 칠레 수입품이 차지한다. 그 외에 미국, 이탈리아, 중국 순으로 수입액이 많다. 대한수
입액을 살펴보면 2020년에는 전년대비 약 42% 증가한 약 482만 달러 수준이 수입되었다. 최
근 3년 간 일본 야채 씨앗 국가별 수입 동향을 아래와 같이 표로 나타내었다.

순위	수입국	수입액			점유율			증감율
		2018	2019	2020	2018	2019	2020	'20/'19
	전세계	155,092	171,306	152,858	100	100	100	
1	칠레	43,340	51,460	51,544	27.94	30.04	33.72	0.16
2	미국	24,164	30,266	16,273	15.58	17.67	10.65	-46.23
3	이탈리아	14,772	14,837	15,620	9.52	8.66	10.22	5.28
4	중국	13,059	16,583	13,146	8.42	9.68	8.60	-20.72
5	남아공	13,030	13,077	7,811	8.40	7.63	5.11	-40.27
6	덴마크	5,244	4,895	7,794	3.38	2.86	5.10	59.24
7	태국	6,414	6,118	6,458	4.14	3.57	4.23	5.56
8	뉴질랜드	5,333	4,570	6,099	3.44	2.67	3.99	33.45
9	한국	3,655	3,415	4,842	2.36	1.99	3.17	41.78
10	호주	5,291	6,296	4,716	3.41	3.68	3.09	25.09

표 7 최근 3년 간 일본의 야채 씨앗 국가별 수입 동향 (HS Code1209.91 기준)
(단위: 천 달러, %) / 자료: Global Trade Atlas(2021.05.06.)

종자 개발은 비용 및 시간 면에서 투자 부담이 커, 선진기업과의 공동연구, M&A, 생산 위탁 등 협업이 활발한 업계이다. Sakata Seed를 비롯해 해외 거점(생산, 판매), 협력사가 있는 기업이 많으며 한국에 진출한 기업도 적지 않다. Sakata Seed는 회원제 인터넷 판매를 하고 있으나 매출액에 대한 비율이 낮아 주로 농가에 직접 납품되는 제품을 생산 및 판매하고 있다. 가격면이 우선시 되는 온라인 판매는 제품 개발에 투자한 시간, 비용을 고려할 시 차별화가 어려워지기 때문이다. 한편 Takii는 인터넷 판매를 추진하고 있으며 주로 야채, 화훼용 씨앗을 판매하고 있다. Takii는 일본국내 연구농장을 보유하고 있으나 해외 특히 유럽의 종자 기업을 M&A하며 공동연구, 품종개발로 투자의 효율화를 추진하고 있다.

기업명	매출액(억 엔)	URL
SAKATA SEED COMPANY	617	https://www.sakataseed.co.jp/
TAKII & CO.,LTD	496	https://www.takii.co.jp/
Kaneko Seed	582	http://www.kanekoseeds.jp/
Snow Brand Seed	440	https://www.snowseed.co.jp/
Tokita Seed	63	http://www.tokitaseed.co.jp/

표 8 대표 기업의 매출액 (단위: 억 엔) / 자료: 기업 홈페이지, Japen Seed Trade Association 홈페이지

일본의 유통경로는 도매상이 여러 단계에 포진하고 있기 때문에 복잡하다. 제조사에서 1차 도매상을 거쳐서 소매상에 판매되는 기본적인 경로 외에 1차 도매상에서 2차 도매상을 거쳐 소매상에 판매되는 경로, 대형 유통사가 단위 농협에 납품하는 경우 등 다양한 유통 경로가 있다. 일본은 종자 개발이 한창이지만 습윤한 기후 때문에 종자 생산에는 적합하지 않아 원종을 해외에 수출하고 해외에서 OEM 생산된 종자를 수입해 유통시키는 경우가 많다. 따라서 종자업체가 상사 역할을 하는 경우도 많다. 해외 생산업체가 오리지널 제품을 일본에 수출하는 경우도 있지만 직접 일본 농가에 판매하는 일은 적은 상황이다.

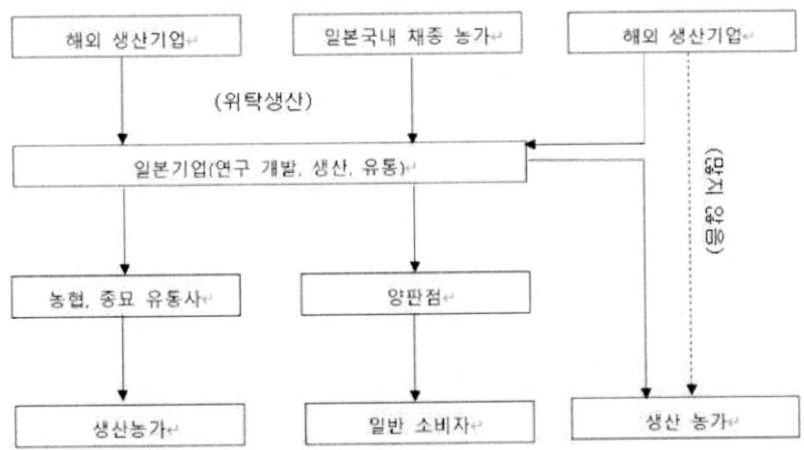

그림 21 유통경로 예 / 자료: KOTRA오사카무역관 자체 자료, 업종별 심사사전, 야노경제연구소 자료를 바탕으로 KOTRA오사카무역관에서 작성

WTO협정 관세율은 무관세이며 통관 시 소비세 10%가 부가되며 수입 시에는 식물방역법의 제한을 받는다. 일본측 수입자는 종자를 수입할 시, 농림수산성 식물방역소에 검사신청을 해야 하며 수출국가에서 발행된 '식물검역증명서(Phytosanitary Certificate)'가 필요하다.

HS Code	기본	WTO협정
1209.91	Free	Free

표 9 자료 : 일본 재무성 무역통계 실행 관세율표 2021년 4월 1일판

제품개발은 일본에서, 생산은 해외에서 하는 사례가 가속화되고 있다. 효율적인 연구개발을 위해 해외기업과의 거래를 추진되고 있으나 제품 제안 시에는 사전에 해당 일본 기업의 강점을 사전에 확인할 필요가 있다. Sakata Seed, Takii 같이 모든 종자를 취급하는 기업은 많지 않으며 경쟁력이 있는 특정 제품에 집중하는 기업이 많기 때문이다.

일본의 신 품종 출원수(국내 기준)는 감소경향에 있으며 최근 10년 사이에 40% 감소한 상황이다. 이는 한국, 중국보다 낮은 수준이다. 일본기업은 앞으로도 연구개발, 투자에 관련해서 선택과 집중을 계속할 것으로 보인다. 한국기업의 경우 가격에 죄우되지 않는 고품질 품종 개발에 집중하는 것 이외에 자사의 글로벌 경쟁력을 키우는 것이 일본진출의 성공요인이 될 것으로 생각된다.

4) 러시아

 러시아에서 가장 수요가 많은 채소는 러시아인들이 즐겨 먹는 비트 수프인 보르시에 들어가는 이른바 '보르시 세트' 채소인 감자, 토마토, 양배추, 비트, 당근 등이다. 러시아 농업부에 따르면 2022년 '보르시 세트' 채소 수확량이 증가해 감자 생산량은 최소 680만 톤(2021년 생산량은 660만 톤), 노지 재배 채소는 520만 톤(2021년 생산량은 510만 톤)으로 예측된다. 이 같은 생산량은 가공식품용까지 포함해 러시아 국내 수요를 충분히 충족할 만한 양이다. 러시아의 채소 수요에 따른 채소 종자(HS Code 120991) 수요도 꾸준히 증가하고 있어 전체 종자 시장 규모는 2020년 기준 약 14억 달러로 추산돼 유럽 최대 종자시장 중의 하나로 꼽힌다.

 한편, 러시아는 최근 지정학적 긴장 상황에 따른 물류 제한, 환율 변동 등의 상황에도 불구하고 파종 시기가 예년보다 늦어지고 다수의 업계 종사자와 생산자들이 지난해 말에서 2022년 2월 중순 사이에 필요한 종자를 이미 구입해 두었기 때문에 올해는 종자 수급에 큰 문제가 없어 보인다고 업계 관계자들은 전한다. 러시아 '전국 육종가 및 종자 재배 종사자연합(National Union of Breeders and Seed Growers, NSSiS)'의 대표이사 아나톨리 미힐레프(Anatoly Mikhilev) 씨는 "올해 봄 파종 시기에 종자 공급 관련해서는 별 문제가 없었다"고 말했다. 그러나 올해 수확해야 할 수입 종자의 수급이 어떻게 될지는 지켜봐야 하는 상황이다. 전문가들은 이 밖에도 러시아 농업 재배 종사자들이 온실 용량의 부족, 유통센터와 보관 시설 부족 등으로 어려움을 겪는다고 한다.

그림 22 보르시 수프와 '보르시 세트' 야채 / 자료: KOTRA 모스크바 무역관

 2021년 러시아 채소 종자(HS Code 120991) 시장에서 수입산이 차지하는 비율은 품종에 따라 20%에서 90%까지 다양하다. 러시아 고등경제대학(Higher School of Economics) 기술이전센터가 2020년에 시행한 "Breeding 2.0" 연구에 따르면 2009년부터 2019년까지 10년간 러시아 시장에서 수입산 종자의 비중이 크게 증가해 옥수수 종자의 수입 비중은 37%에서 58%로 해바라기 종자는 53%에서 73%, 사탕무는 50%에서 98%로 증가했다. 러시아 농업분야에서 온실재배산업은 역동적으로 성장하고 분야로 이 분야 종자의 수입 의존도는 거의 100%에 달한다. 러시아산 종자가 수입 종자에 비해 우위를 점하고 있는 유일한 분야는 밀로 전체 밀 종자 시장에서 차지하는 러시아 종자의 비중은 97%이다.

한편, 블라디미르 푸틴 대통령이 승인한 러시아 연방 식량안보 독트린(Doctrine of Food Security of the Russian Federation)에 따르면 러시아는 2030년까지 국내에서 파종하는 종자의 75%를 러시아산 종자로 채울 계획이며, 이를 위해서는 10년 내지 15년간 국가 지원과 기술 및 생산에 대한 대규모 투자가 필요하다는 분석이다. 2020년 팬데믹 시기에 공급이 감소했던 많은 다른 산업들과 달리 러시아의 채소 종자 수입량은 2019년에 비해 상당히 증가했다. 나아가 2022년 제재 상황임에도 불구하고 여전히 꾸준한 상승세를 보이고 있다.

	공급 국가	과세가격	점유율
1	네덜란드(NL)	16,495,664,847	78
2	프랑스(FR)	1,512,935,467	7
3	리투아니아(LT)	962,505,332	5
4	이탈리아(IT)	848,985,959	4
5	중국(CN)	259,665,475	1
6	폴란드(PL)	169,548,029	1
7	이스라엘(IL)	141,499,930	1
8	독일(DE)	121,439,110	1
9	한국(KR)	75,242,510	0.4

표 10 2019-2022 국가별 수입 종자 러시아 시장점유율 (단위: US$. %)/ 자료: Globus FEA

한국은 러시아 채소 종자 수출국 중 2019년에는 17위를 차지했으나 2021년과 2022년에는 각각 7위와 8위를 차지해 향후 잠재성 있는 수출국으로 기대된다.

연도	과세가격	순 중량	순위
2022 상반기	330,953	1,352.42	8
2021	533,551	2,376.36	7
2020	413,193	2,255.79	10
2019	110,117	898.88	17

표 11 2019-2022 연도별 한국에서 러시아로 채소종자 수출 순위(단위: US$, kg)/자료: Globus FEA

러시아 종자시장에서 가장 큰 점유율을 차지하는 러시아 유통업체 및 수입업체는 다음과 같다.

기업명	AGROSEMTSENTR
매출액	1,295만 달러(2021년)
웹사이트	https://agrosemcenter.ru/
설립연도	2006년
	Bayer 공식 대행사로 러시아 남부, 사라토프, 보로네슈, 쿠르스크, 벨고로드 지역을 관할. Semini와 De Ruiter 등 유명한 종자 브랜드를 성공적으로 홍보함.
기업명	ASTRAKHANAGROIMPORT
매출액	525만 달러(2021년)
웹사이트	https://www.sakataimport.ru/
설립연도	2010년
	일본 Sakata Seed Corporation 러시아 대행사로 종자 외에도 비료, 식물 보호 제품, 농업용 관개 설비장비 등을 취급
기업명	AGRO-DEPARTMENT
매출액	5961만 달러(2021년)
웹사이트	https://agrodepartment.ru/
설립연도	2004년
	러시아 전역에 미네랄 비료, 종자, 식물 보호제품, 꿀벌, 식충 생물 공급
기업명	AGRICULTURAL FIRM AILITA
매출액	1192만 달러(2021년)
웹사이트	https://www.ailita.ru/
설립연도	1992년
	채소와 꽃 종자의 생산과 도매 전문기업으로 3500가지 이상의 채소와 꽃의 국산 혹은 외국산 품종 및 잡종 종자를 취급

표 12 러시아 채소 종자 주요 유통업체 및 수입업체 / 자료: Globus VED, SPARK

전시회명	제31회 농공산업 전시회 Agrorus
테마	농업의 디지털화, 유기농 식품, 스마트 공급망, 유기농 농업(유기농 원료와 1차 가공 제품), 미생물비료와 식물 보호제품. 농사 지원, 농업 스타트업, 원료와 식품의 대체 공급원, 기술적인 솔루션, 사육 관련 내용(수의학, 관리 제품), 농작물 생산(선정, 비료, 식물 보호제품), 식품 가공산업을 위한 장비(농공산업분야 증소기업 포함)
개최장소	상트페테르부르크; Expoforum
개최기간	2022년 8월 31일~9월 3일
참가자	5000여 명의 방문객과 400여 개의 참가 단체
웹사이트	https://agrorus.expoforum.ru/ru/
2	제29회 식물 농업제품의 생산 및 가공을 위한 농업기계, 장비, 재료 국제 전시회)
테마	농업 기계와 예비 부품, 관개와 온실장비, 농화학적 제품 및 종자, 농업제품 보관 및 가공장비
개최기간	11월 22~25일
참가자	1만4000여 명의 방문객과 640여 개 참가 단체
웹사이트	https://yugagro.org/Home
3	농공산업 포럼 제33회 국제 전문 전시회 AGROCOMPLEX 2023
테마	농공산업분야에서의 협력, 농촌지역의 통합 개발, 농업의 생물학화, 기후변화에 대체하는 농업기술, 유전체 선발, 우유 생산, 산업기술 현대화, 수출, 동물약품, 양봉의 개발
개최장소	우파; VDNH-EXPO UFA
개최기간	2023년 3월 21~24일
참가자	350여 명의 방문객과 8000여 개 참가 단체

표 13 2022년 러시아 내 주요 농업 전시회 / 자료: KOTRA 모스크바 무역관

러시아에 채소 종자를 통관하려면 러시아 연방 동식물위생감독청(Rosselkhoznadzor)이 발급한 수입 검역 확인증(관련법: "검역 품목 명단 및 식물 위생관리 절차" 제318 호)과 수출국 식물 검역증명서를 제출해야 한다. 또한 특정 품목(HS 코드 1209 91 8000, 기타 채소 종자)에 대해서는 기술 규정(TR)에 따른 품질인증서(COC)나 적합성 선언(DOC)도 요구된다. 아울러, 러시아 연방 영토 내에 수입식물 품종을 판매하려면 해당 종자가 "러시아 연방의 영토 내에서 사용하도록 승인된 육종 성과의 정부 등록 명단(FSBI STATE Export Commission)"에 등록돼야 한다(관련법: 연방법 제149 호). 종자 정보 등록이 완료되면, GOST R 시스템에서 종자에 대한 자발적 인증서를 발급해 품질 확인을 할 수 있는 권한이 생긴다. 종자 및 파종 재료를 검역증명서를 지참하지 않은 채 승객의 수하물 및 휴대 수하물로 나르거나 우편으로

수입하는 것은 금지돼 있으며, 화학적 혹은 생물학적 처리과정을 거친 종자는 포장된 상태로 운송해야 하고 대량 운반은 금지돼 있다.

러시아 채소 재배업계 선두주자인 R그룹의 커뮤니케이션 부서장 Elena 씨는 KOTRA 모스크바 무역관과의 인터뷰에서 최근 종자 업계는 대러 제재 상황으로 인해 물류 경로가 길어지고 포장 가격이 상승하는 등의 어려움을 겪고 있다고 한다. Elena 씨는 2월 우크라이나 사태가 시작되기 전에는 물류기간이 2주 정도 걸렸다면 8월인 현재는 1달까지 소요되고 비용 측면에서도 종자 구매 가격은 10%가량 증가했고 주로 해외에서 원료를 수입해오는 포장 가격도 15%에서 40%가량 상승했다고 한다. 다만 그럼에도 현재 모스크바 내 상황을 보면 식량 부족에 대한 우려는 없어 보이는데 이는 러시아가 그간 자체적으로 식량을 생산할 수 있도록 농업이 상당히 발전했기 때문이라고 언급했다.

'러시아 연방 식량 안보 독트린(Doctrine of Food Security of the Russian Federation)'에 따르면 2030년까지 러시아는 필요한 파종의 75%를 국산 제품으로 채우는 것을 목표로 하고 있다. 업계 전문가들은 러시아가 이 목표를 이루기 위해서는 기술과 생산에 대한 투자 등으로 최소한 10년이나 15년은 소요될 것이며, 그 동안에는 수입 종자들이 시장을 점유할 여지가 있다고 본다.

세관 조사에 따르면 현재 한국 종자는 러시아에서 1% 이하의 시장점유율을 보이며 주로 대형 규모의 유럽 공급자와 그 자회사가 시장의 대부분 점유하고 있다. 그러나 모스크바를 중심으로 소비자들의 구매력이 상승하고 식품에 대한 기호가 다양해지면서 이국적이고 새로운 음식에 대한 관심을 보이고 있고 러시아 내 한국 문화에 대한 관심이 커지면서 한국산 종자를 소비하고자 하는 구매 욕구도 커질 수 있다는 점에서 한국 기업들에는 기회의 시장이 될 수 있다. 이에 한국 기업들은 기존에 러시아 시장에 소개되지 않은 새로운 품종을 중심으로 현지 마케팅 전략을 세워 기존 유럽계 기업처럼 자체적으로 제품을 공급하는 자회사를 설립하거나 러시아 내 생산 현지화 등의 비즈니스 모델을 고려해 볼 수 있을 것이다.

아울러, 러시아 기업들의 채소 생산량이 점차 늘고 있긴 하지만 여전히 새로운 기술이나 혁신을 필요로 하는 만큼 한국 기업들이 러시아 기후와 토양에 맞는 새로운 종자를 개발하고 육종하기 위한 연구개발 서비스를 러시아 기업에 제공하는 형태의 협력도 좋은 사업 모델이 될 것이다.

나. 국내동향[18][19][20]

종자 업계는 올해가 힘겨운 한 해가 될 것이란 어두운 전망을 내놓고 있다. 종자업체들의 경우 지난해 비용 부담 요인이 많았음에도 가격 상승에 민감한 농업계 분위기상 비용 상승분을 가격에 모두 반영하지 못했다. 하지만 올해에도 원달러 환율, 고금리 등 어려움이 상존할 것으로 예상됨에 따라 업체들의 타격이 불가피할 것으로 보인다. 여기에 최근 중국에서 코로나19가 재확산세를 보이고 있어 검역, 물류 등에 또 다시 제동이 걸릴 수 있다는 우려도 있다.

업계는 올해 수출 물류비 지원사업 종료에 따른 업계 타격을 줄이기 위한 방안 마련에도 골몰해야 하는 상황이다. 2015년 세계무역기구(WTO) 제10차 각료회의 결과에 따라 내년부터 정부와 지자체의 수출 물류비 지원이 모두 폐지되는데, 그렇게 되면 세계 종자 시장에서 국내산 종자의 가격 경쟁력은 더 떨어질 수밖에 없기 때문이다. 한국종자협회는 물류비 지원사업을 대체할 포장 자재비 지원 사업 등을 정부에 건의한다는 계획이다.

종자 업계는 올해 골든시드프로젝트(GSP) 후속 사업 성격의 '디지털육종기반 종자산업 혁신기술개발사업'의 예비타당성조사 통과를 기대하고 있다. 이미 2020년 한차례 예비타당성조사 통과 실패 경험이 있지만 올해는 반드시 통과시켜 디지털 육종 기반을 다져야 한다는 업계 요구가 커지고 있다. 아울러 GSP 종료 이후 종자 산업에서 가용할 수 있는 과제비 등 예산이 크게 줄어 연구개발(R&D) 등에도 타격이 크다는 공감대가 형성된 것도 디지털육종기반 사업에 큰 기대를 하고 있는 이유다.

윤원습 농식품부 농식품혁신정책관은 "제3차 종합계획은 디지털육종 상용화 등을 통한 종자산업 기술혁신과 기업 성장에 맞춘 정책지원으로 종자산업의 규모화와 수출 확대에 중점을 두었다"라며, "관계기관, 업계 등과 협력을 강화하고 연차별 세부 시행계획을 마련하여 차질 없이 이행할 계획"이라고 밝혔다.

농림축산식품부의 생산실적 자료에 따르면 국내 채소 종자 시장은 2011년 1,977억 원에서 2018년 2,369억 원 규모로 연평균 2.6%의 성장세를 보였다. 동일한 성장세를 적용하면 2025년 국내 채소 종자 시장은 2,835억 원 규모로 성장할 것으로 전망된다.

18) 신육종기술(NPBTs), KISTEP 기술동향브리프, 2018
19) 농우바이오(054050), 한국 IR협의회, 2021.01.21
20) 아시아종묘(154030), 한국 IR협의회, 2021.04.01

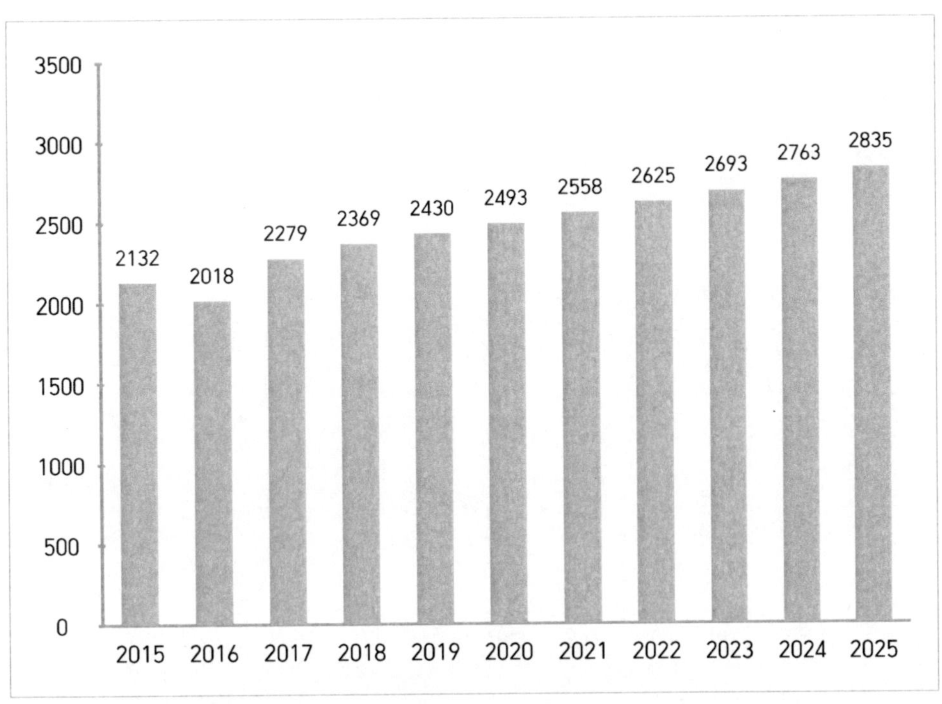

[그림 23] 국내 채소 종자 시장 규모(단위: 억 원)

국내 전체 종자시장은 2022년 기준 7,367억 원으로 채소 종자는 25%로 가장 많은 비중을 차지하고 있으며, 두 번째는 식량 작물이 2,350억 원으로 24%를 차지하고 있다.

우리나라 종자 산업은 ①일본의 영향을 받았던 태동기(1950년 이전), ②우장춘 박사의 활동으로 육종 기반이 마련된 기반 구축기(1950년~1961년), ③농산종묘법이 제정된 발달 초창기(1962년~1973년), ④종묘관리법 개정을 통한 성장기(1973년~1985년), ⑤종묘관리법 후기와 수입자유화로 구분되는 활성기(1985년~1997년), ⑥종자산업법 개정을 통해 품종 보호제도가 정착되고 다국적 종자 기업의 국내 진출 등이 이루어진 국제화 시대(1998년~현재) 등 의 과정을 거쳐 현재에 이르고 있다. 상업용 채소 종자는 과거에 서울종묘, 홍농종묘, 중앙종묘 등 아시아권에서도 상당이 규모가 큰 기업들이 신품종을 활발히 육종하여 생산·판매하였으나, IMF 관리체제 이후 이들 기업은 해외 글로벌 종자 기업에 인수·합병되었다.

구분	합병이전	1차 M&A	2차 M&A	3차 M&A
M&A	청원종묘	사카타(1997)	-	사카타코리아
	서울종묘	노바티스(1997)	신젠타(2001)	캠차이나(2017)
	홍농종묘	세미니스(1998)	몬산토(2008)	바이엘 크롭 사이언스 (2008)
	중앙종묘			
	씨덱스	-	바이엘 크롭 사이언스 (2008)	바이엘 크롭 사이언스
	몬산토 코리아	-	동부팜한농(2012)	LG화학(팜한농, 2016)
	농우바이오	-	-	농협경제지주(2014)
비 M&A	한국 다끼이 법인 설립(2011)			
	더기반(노루그룹 계역) 종자 산업 진출(2015)			

[표 14] 국내 종자 기업 M&A 동향(단위: 억 원)

한국은 1997년 외환위기 때 흥농종묘, 중앙종묘가 Monsanto로 인수되고, 서울종묘가 Syngenta로 인수되는 등 주요 종자기업이 외국의 다국적 기업으로부터 인수합병되며 산업 기반이 흔들렸다.

국내 토종 종자와 육종기술이 다국적 외국 기업으로 넘어가며 종자주권을 상실하고 다국적 기업이 시장을 주도하여 국내 종자기업들이 설 자리가 비좁아졌다. 이후 구조조정과 함께 독립되어 나온 중소/개인 육종가가 늘어나며 영세한 소규모 종자기업들이 다시 경쟁력을 갖추기 시작하였다. 국립종자원에 따르면, 현재 국내 종자산업은 대다수가 연 매출 5억 원 미만의 영세업체로 구성되어 있기는 하지만, 업체 수는 꾸준히 증가하며 회복세에 있다.

한국종자협회에 따른 채소 종자(고추, 양배추, 양파 등) 기준 국내 매출액은 2022년 기준 2622억 원이다. 지난 5개년간 연평균 2.8% 증가하는 추세이다. 아울러, 농촌진흥청에서 발표한 연도별 국내 종자 로열티 지급 및 수입액을 살펴보면, 최근 주요 품종의 로열티 지급액이 지속적인 감소세를 보이고 있다. 국내 종자기업의 기술력을 기반으로 종자의 국산화가 이루어지며 경쟁력을 확보하는 중인 것으로 보여진다.

나아가, 국가적 차원에서도 국내 종자산업을 활성화하는 프로젝트가 추진되며 산업 기반을 구축하고 있다. 농림축산식품부는 금보다 비싼 수출전략형 종자 등의 개발을 통해 종자산업의 국제 경쟁력을 제고하고자 2012년부터 10년간의 GSP(Golden Seed Project) 사업을 시행하고 있다. 또한, 2011년부터 4년간 민간육종연구단지를 형성하기 위한 김제 씨드밸리 사업도 추진함으로써, 씨드밸리에 입주한 국내 주요 종자기업을 대상으로 육종연구 기술지원, 지식재산권 등록지원, 수출 컨설팅 등을 제공하며 종자산업의 인프라 조성을 주도하였다.

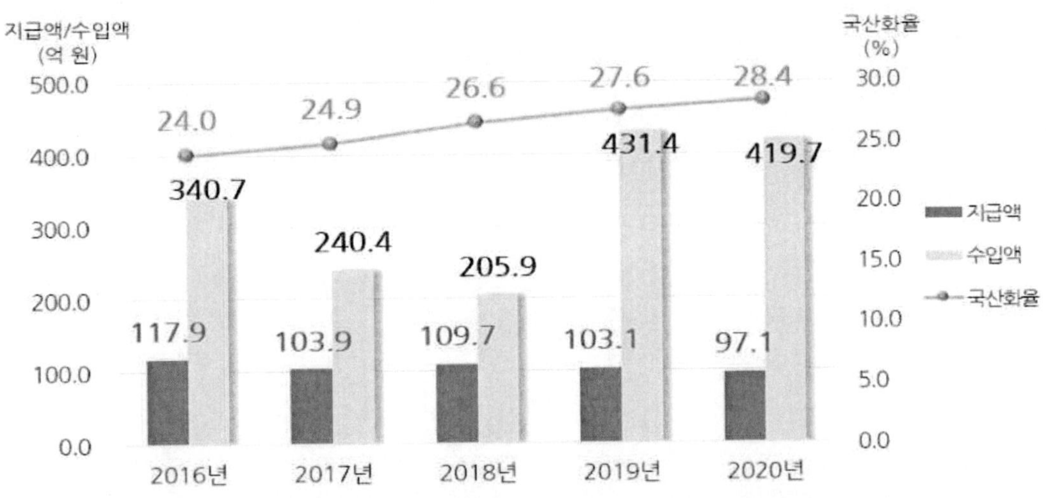

[그림 24] 국내 종자 로열티 지급액, 수입액 및 국산화율

신육종기술 관련해서는 1세대부터 3세대까지의 모든 유전자가위기술을 보유하고 있는 툴젠이 원천특허 확보 및 유전자가위기술 확산에 주력하고 있다. 툴젠의 CRISPR 원천특허는 세계 10개국에서 심사가 진행되고 있으며, 최근에는 농우, 농협 종묘와 공동연구를 통해 3세대 유전자가위기술을 이용한 영양성분이 강화된 색변환 당근 품종을 개발하고 있다.

GMO 작물은 규제 여부에 따라 막대한 개발 비용이 소요되기 때문에 국내 종자 기업의 영세성을 고려한다면 신육종기술을 활용한 작물 개발이 중요하다. GMO 작물을 상업화할 때까지 약 1천억 원 이상의 개발 비용과 위해성검사 등 10년 이상의 기간이 필요하기 때문에 다국적 종자회사 규모의 대기업이 아니고서는 시장 진입 자체가 매우 어렵다.

유전자가위기술이 규제에서 자유로워진다면, 한 품종 개발 비용을 약 3~5억 원 정도로 추정할 경우 200배 이상 비용을 절감할 수 있어 동 분야 중소 종자기업의 시장 진입을 촉진할 수 있다.

최근 국가 주도의 다양한 분자육종기술 및 신육종기술 기반 과제의 수행을 통해 육종 기술개발 경쟁력 확보를 추진하고 있다. 농식품부, 농진청, 과기정통부 소관 국가연구개발 과제를 통해 신육종 플랫폼기술을 확보하고, 이를 품종육성 및 개량에 활용하고자 하는 연구가 추진되고 있으며, 신육종기술 연구가 상업화까지 성공한 사례가 많지 않고, 아직은 기초·원천연구 단계에서 투자가 이루어지고 있다.

2012년부터 2016년까지 투자된 정부연구비 중 신육종기술과 관련한 투자는 총 269억 원으로 집계된다. 그 중 유전자가위기술에 256억 원이 투자되어 총 투자의 94.9%를 차지했으며, 역육종(Reverse Breeding), Agroinfiltration, 접목(Grafting) 기술 확보 차원에서 다수의 연구과제가 시도되었으나, 투자 규모가 5.1%로 미미한 수준이다. 동종기원(Cisgenesis)을 작물육종에 활용하기 위한 기반기술 연구는 이루어지지 않았다.[21]

---

21) [Issue+] 2020농산업 결산, 농수축산신문, 2020.12.23

신육종기술 유형	정부연구비 (백만원)	비중 (%)
SDN(Site Directed Nucleases)	25,558	94.9
역육종(Reverse Breeding)	204	0.8
접목(Grafting)	847	3.1
Agroinfiltration	323	1.2
동종기원(Cisgenesis)	-	-
합계	**26,932**	**100.0**

[표 15] 작물 분야 신육종기술에 대한 정부R&D 투자현황(2012-2016)

2012년부터 2016년까지 유전자가위기술에 대한 정부R&D 투자는 256억 원이며, 부처별로는 과기정통부(226억), 농진청(22억) 위주로 투자가 이루어졌다.

구분	과기정통부	농진청	농식품부	교육부	중기청	합계
예산 (백만원)	22,587	2,164	422	85	300	25,558
비중 (%)	88.4	8.5	1.6	0.3	1.2	100.0
과제 수	5	23	8	2	1	39

[표 16] 작물 육종 분야 유전자가위기술에 대한 부처별 투자현황(2012-2016)

연구수행주체별로는 출연연(220억), 대학(23억)을 중심으로 투자가 이루어졌으며, 연구개발단계별로 살펴보면, 응용·개발연구의 비중은 1.8%에 불과하며, 투자비 전체가 기초연구단계에 집중되어 있는 형태로 투자 비중이 98.3%에 달했다.

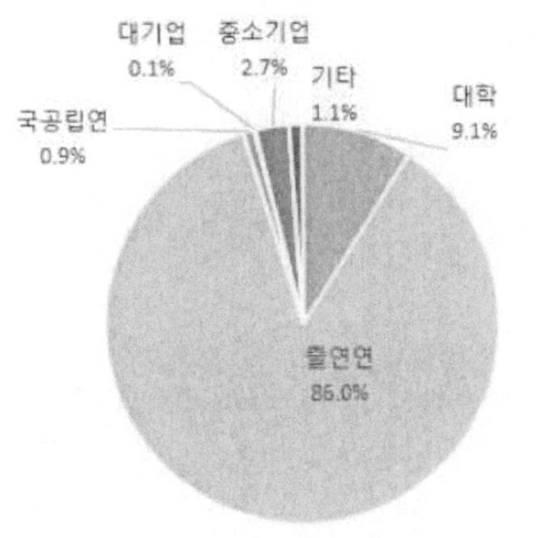

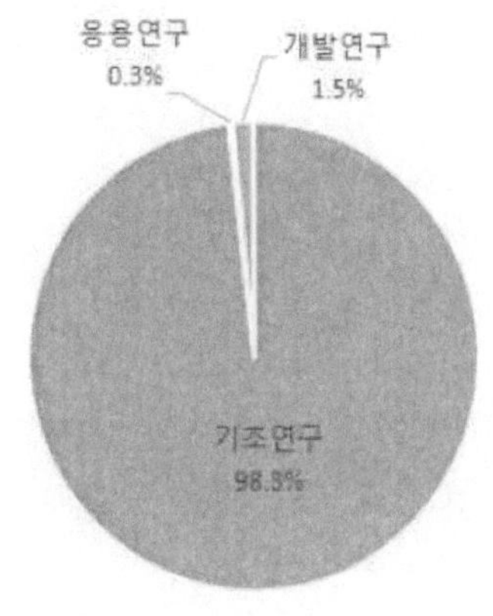

[그림 25] 연구수행주체별(좌), 연구개발단계별(우) 정부투자(2012-2016) 비중

2012년부터 2016년까지 정부R&D 사업 중 유전자가위기술을 작물 육종에 적용하는 연구에 가장 많은 투자가 이루어졌으며, 그 외 역육종(Reverse Breeding), Agroinfiltration, 접목 (Grafting) 기술 등 여타 신육종기술에 대한 소액 투자가 진행되었다.

농진청의 차세대바이오그린21사업과 과기정통부의 유전자교정연구단(기초과학연구원)등에서 유전자가위기술 영역에 대해 256억 원의 정부연구비가 지원되었따.

부처명	사업명	연도	총투자 (백만원)
교육부	이공학개인기초연구지원	2016	51
	이공학학술연구기반구축	2016	34
농식품부	농생명산업기술개발	2012-2016	422
농진청	농업기초기반연구	2016	70
	농업첨단핵심기술개발	2015-2016	94
	차세대바이오그린21	2012-2016	2,000
과기정통부	개인연구지원	2016	300
	기초과학연구원 연구운영비지원	2014-2016	21,987
	중견연구자지원	2015	300
중기부	창업성장기술개발	2016	300
합계			25,558

[표 17] 작물 육종 분야 유전자가위기술 관련 정부R&D 투자현황(2012-2016)

2012년부터 2016년까지 역육종(Reverse Breeding), Agroinfiltration, 접목(Grating) 기술 에 대한 정부R&D 투자는 각각 2억, 3억, 8억 원으로 소액 규모로 투자가 이루어졌다.

기술명	부처명	사업명	연도	총투자 (백만원)
역육종 (Reverse Breeding)	교육부	이공학개인기초연구지원	2015-2016	102
		일반연구자지원	2012-2014	102
	소계			204
Agroinfiltration	교육부	일반연구자지원	2012-2014	103
	농식품부	첨단생산기술개발	2013	70
	농진청	차세대바이오그린21	2012-2014	150
	소계			323
접목 (Grafting)	농진청	원예특작시험연구	2012-2016	807
		차세대바이오그린21	2012	40
	소계			847

[표 18] 작물 분야 역육종, Agroinfiltration, 접목 기술 관련 정부R&D 투자현황(2012-2016)

우리나라 종자 수입액은 수출액의 2배를 넘어서는 현실이다. 농림축산식품부·국립종자원이 제공한 종자 수출입 현황을 보면, 2018년 이후로 연간 종자 수출액은 지속해서 증가 행진을 이어왔으나 2022년에는 전년(6091만달러)보다 주춤해 5571만달러를 기록했다. 수입액은 2022년 1억3274만달러를 기록했다. 7703만달러(약 951억원) 적자다. 지난해 증가세가 꺾인 것은 코로나 영향이라는 것이 관계자의 설명이다.

2017~2022년 종자 수출입 현황

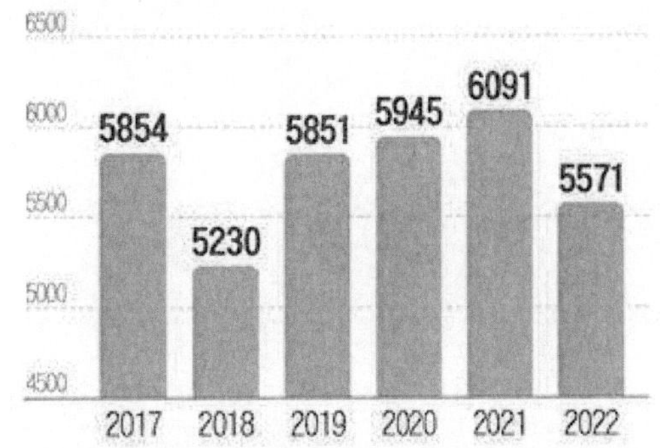

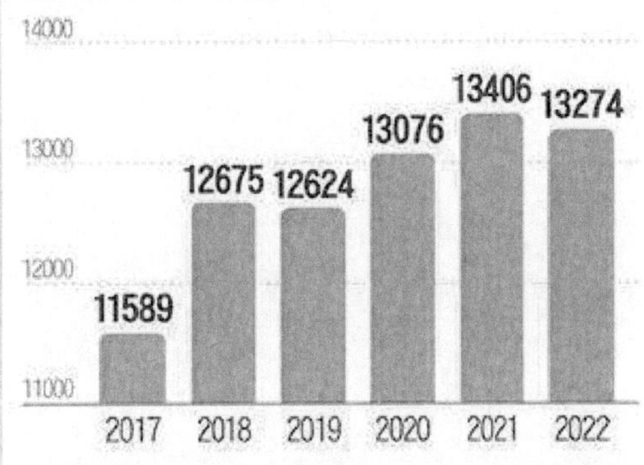

그래서 중요한 것이 자급률이다. 특정 품종의 자급률이 낮으면 그만큼을 해외에서 사들여 충당해야 하기 때문이다. 농림식품기술기획평가원(IPET)에 따르면 10년 전인 2012년만 해도 우리 농가 10곳 중 7곳은 토마토 종자를 해외에서 들여와서 키웠다. 당시 토마토 자급률은 30%, 토마토 종자 총수입액은 610만2000달러였다. 지금은 수입 품종을 대체하는 신품종 개발·보급 등으로 2019년 기준 자급률이 55.3%까지 올라갔다.

신품종 개발은 우리나라 자급률 개선은 물론, 수출을 통해 또 다른 먹거리로서의 역할을 하고 있다. 딸기가 대표적이다. 충남농업기술원 산하 딸기연구소에서 출시한 매향·설향·킹스베리·비타베리·하이베리 등은 국산 품종 보급률을 96%까지 끌어올리는 데 혁혁한 공을 세웠다. 20년 전인 2005년만 해도 일본 품종이 90%를 차지하던 우리 딸기 시장이었다.

그림 27 품종 개량 과정에서 열매를 맺은 딸기의 봉투가 열려있는 모습

이 때문에 한때 우리 정부는 종자산업 육성을 중장기 역점 사업으로 추진했었다. 이른바 ‘골든씨드프로젝트(GSP·Golden Seed Project)’다. 이명박 전 대통령의 지시로 시작됐고, 2011년부터 2021년까지 장장 10년에 걸친 기간 동안 나랏돈 3985억원 등 총 4911억원을 들여 추진됐다.

IPET가 발간한 ‘GSP 백서’에 따르면, 10년간 사업 추진 결과 신품종 및 브랜드 955건 개발, 수출 2억5641만달러, 국내 매출 1382억원 등을 달성했다. 특히 해외 품종을 대체할 국산 품종을 개발하는 데 주력해, 2012년 대비 2019년 자급률을 ▲토마토 30→55.3% ▲양파 20→29.1% ▲파프리카 0→6.3% 등으로 향상하는 성과가 있었다.

문제는 골든씨드프로젝트가 종료된 지금, 앞으로 종자 산업 육성을 위한 국가적 전략이 있느냐다. 10년간 프로젝트를 마친 사업단장들은 각기 후속 과제에 대한 아쉬움을 드러낸 바 있다. 임용표 채소종자사업단장은 GSP 백서를 통해 “해당 사업을 통해 분자 육종이 활성화됐고

기능성 품종의 개발을 통해 세계 종자 시장을 견인할 수 있는 큰 기반을 마련했다"면서도 "과제가 종료되며 후속 연구가 이루어지지 못하는 아쉬움이 있다. 종자 기업의 도전은 계속돼야 하고, 이를 위한 국가적 전략과 적극적인 지원도 필요하다"고 남겼다.

자유무역협정(FTA)과 같은 글로벌 시장 개방 이슈 앞에서 국산 품종 개발 등 종자주권을 지키는 일은 더욱 중요한 과제가 됐다. 경쟁력 있는 품종을 만들면 국내 시장을 지키는 것뿐 아니라 수출길을 드넓힐 기회가 될 수도 있다. 관련한 정책적 지원이 요구되는 가운데, 현재 전북 김제공항 부지(156ha)에 종자산업 혁신클러스터를 조성하는 방안 정도가 그나마 새롭게 추진되는 주요 관련 정책으로 꼽히고 있다. 2020년 기준 세계 종자 시장은 440억달러 규모로 매년 4% 내외 성장세를 거듭하고 있다. 이 중 우리나라의 점유율은 1.4%(6억2000만달러)에 불과하다.[22]

---

22) [농수산 수출시대]② 국가 경쟁력 된 '종자주권'…'현대판 노아의 방주' 씨앗은행은 어떤 곳? / 조선비즈

04

종자산업 기술 동향

4. 종자 기술 동향
가. 전통 육종 기술[23)]

전통 작물육종기술은 그 종류가 매우 다양하며, 실제 육종에 있어서 어떤 육종방법을 사용할 것인가는 통상적으로 다음과 같은 요인들을 고려하여 결정한다.

육종방법 결정 요인
① 육종대상이 되는 작물의 번식 및 수정 방식(예: 자가수정 작물, 타가수정 작물, 영양번식 작물 등)
② 육종하려는 품종의 종류(예: 고정종, 일대교잡종(F1 품종), 영양계통 등)
③ 유전적 변이를 일으키는 방법(예: 유전자원, 교잡, 이종·속 교잡, 돌연변이, 형질전환 등)
④ 선발 방법(예: 개체선발, 계통선발, 집단선발)
⑤ 육종하려는 특성의 유전정보(예: 질적, 양적, 유전력 정도, 연관, 관련 유전자수 등)
⑥ 육종에 사용할 수 있는 가용 자원(예: 예산, 인력, 육종 포장 크기 등)

[표 19] 육종방법 결정 요인

육종기술	기본 원리	성과
분리육종	• 자연적으로 생성된 유전적 변이체를 대상으로 선발함. • 인공교배 과정 전혀 없음. • 우수한 개체나 집단을 선발하여 세대 진전함. • 현재 육종 선진국에서는 드물게 사용되나, 개도국에서는 가장 경제적이며, 효율적인 육종방법임	• 신석기시대 작물의 순화나, 그 이후 재래종 분화에 주된 방법. • 근대 육종에 많이 쓰였음.
교배육종	• 인공교배 과정이 필수적임. • 인공교배에 의하여 나타난 다양한 유전적 변이체를 대상으로 선발함. • 잡종 2세대(F2)와 그 이후인 분리세대에서 다양한 선발방법을 적용함. • 작물과 육종목표에 따라 다양한 방법들로 분화됨.	• 가장 보편적으로 많이 쓰인 방법 • 현재 대부분의 고정종은 이 방법으로 육성됨. • 농업 발전에 크게 기여했음

[표 20] 전통 작물육종기술의 종류

---

23) 전통 작물육종과 유전자변형기술, 박효근, 2010

육종기술	기본 원리	성과
여교배 육종	• 일대교잡종(F1)과 일대교잡종의 어버이의 한쪽을 다시 교잡하는 하는 방법. • 우점 품종을 기본으로 하고, 1~2가지의 특성을 개량하려고 할 때 가장 많이 쓰임. • 전통 작물육종방법 중, 육종 결과를 예측할 수 있어서 과학적인 육종이 가능함. • 돌연변이, 종속 간 교배, 형질전환 등 생명공학을 통해 생산된 품종의 후속 조치(형질 고정 등)로써 많이 쓰임.	• 이방법으로수많은품종이 육성됨. • 다른 육종방법과 병행하여 상업화 품종 육성에 이용됨.
잡종강세 육종	• 잡종강세 현상을 최대한 활용하는 육종 방법임. • 두 개 이상의 순수 계통을 육성하고, 이들 사이의 일대교잡종(F1) 종자를 상용화하는 방법임. • 이때 자가불화합성이나 웅성불임성을 활용하여 채종의 경제성을 제고함. • 농민들이 매년 일대교잡종 종자를 구입해야 함으로 종자회사로서는 개발비 환수가 용이함.	• 현재 농업 선진국에서 각광받는 방법임. • 종자회사의 경쟁력을 결정하는 주요한 변수임.
염색체조작 육종	• 염색체를 인위적으로 조작하여 반수체, 배수체, 이수체 등 염색체 수가 다른 식물체를 육성함(3배체 이상의 배수체는 2배체에 비해 세포와 기관이 크고 병해충에 대한 저항성이 증대함). • 화분배양으로 반수체 유기(誘起)하고 이를 다시 배가하면 바로 순수한 동형접합(homozygous)의 계통 획득이 가능함. • 반수체 육종은 육종에 걸리는 시간을 단축시키는데 활용됨.	• 사용 빈도, 성공 사례가 제한적임.

[표 21] 전통 작물육종기술의 종류

육종기술	기본 원리	성과
돌연변이 육종	• 인위적으로 방사선이나 화학물질을 처리하여 다양한 유전적 변이의 돌연변이체를 유기(誘起)하는 육종방법임. • 이 방법으로 유기(誘起)된 유용한 돌연변이는 여교배 방법 이용 시 육종의 소재로 활용됨. • 향후 돌연변이유기(교배와는 관계없이 어떤 원인에 의하여 유전물질 자체에 변화를 주거나 발생하도록 유도함) 방법이 개발되면 크게 각광 받을 것으로 보임.	• 화훼작물 이외에는 바로 상용화 품종 개발 드묾. • 육종 소재로 사용
종·속 간 교배 육종	• 서로 다른 종이나 속간의 교잡으로 새로운 작물 육성할 수 있음(트리티케일, 하쿠란, 유채). • 일반적으로 종속 간 교배를 통해 개발된 품종을 여교배 육종 거쳐 상용화 품종을 육성함.	• 상용화 품종 개발 극히 제한적 • 내병성 도입에 있어 성공적

[표 22] 전통 작물육종기술의 종류

국내 육종기술은 작물의 종류에 따라 그 편차가 매우 크다. 벼, 고추, 배추, 무는 세계적인 수준이라 할 수 있으나 그 외의 작물과는 차이가 크다.

작물	육·채종 기술수준		자급율(%)	
	육종	종자 생산·조제	국내개발 품종 보급률	종자, 종묘의 국내 증식율
식량 작물	상	상	<95	100
특·약용 작물	중	중	≒100	≒100
사료 작물	하	하	≒0	미상
채소류	상상	상상	≒90	≒25
과수류	중상	상	>15	≒100
화훼류	중	상	>5	>30
산림류	중	상	미상	≒100
버섯류	중	중상	≒20	≒100
해조류	중	중상	>5	≒100

[표 23] 작물별 우리나라 작물육종의 발전 정도

1) 형질전환 기술[24)]

최근 생명공학의 발전은 유전자들의 기능을 더욱 이해하게 되었다. 이러한 유전자에 대한 보다 정확한 정보들은 유전자 재조합 기술을 이용하여 어떤 특정 유전자를 형질전환 유전자 기술을(transgenic technology) 이용하여 원하는 식물 유전체에 삽입하여 작물의 특성을 바꾼다. 이러한 육종의 과정을 통해서 만들어진 작물들을 우리는 유전자 변형작물(genetically modified crop; GM crop) 이라고 부른다.

가장 일반적으로 식물병원세균인 Agrobacterium을 이용하여 유전자 삽입을 하는데, 하지만 많은 작물들이 이 세균에 저항성을 가지고 있기 때문에 최근에는 좀 더 다른 방법인 유전자 총(Gene-Gun)을 통하여 원하는 유전자를 식물세포에 직접 삽입할 수 있고 또한 세포원형질체를 분리하여 유전자를 삽입할 수 있다.

작물	품종명	상품 특성	개발국가
사과	Golden Delicious GD734	과일품질향상	미국
카네이션	Moondust, Moonshadow, Moonshade, Moonlite, Moonaqua, Moonvista, Moonique, Moonpearl, Moonberry, Moonvelvet	제초제 저항성, 품질향상	호주
치코리	Seed Link	제초제 저항성	네덜란드
골프장잔디 (creeping bentgrass)	Roundup ready creeping bentgrass	제초제 저항성	미국 몬산토
가지	BARI Bt Gegun	해충 저항성	방글라데시
멜론	Melon A, B	과일품질향상	미국
파파야 (papaya)	Rainbow, SunUp	병저항성	미국, 중국
피튜니아 (petunia)	Petunia-CHS	품질향상	중국
자두	C-5	병저항성	미국

[표 24] 형질전환을 이용하여 상업적으로 등록한 원예작물들

---

24) 식량 및 원예작물의 육종 기술 현황 및 최신 연구 동향, BRIC View, 2018

작물	품종명	상품 특성	개발국가
감자	45종 이상의 다수	품질향상	미국, 소련, 캐나다, 호주, 한국, 뉴질랜드, 필리핀, 일본, 멕시코
장미	WKS82	품질향상	호주, 콜롬비아, 일본, 미국
스쿼시 호박 (squash)	CZW3	병저항성	미국, 캐나다
고추	PK-SP01	품질향상	중국
토마토	15종 이상의 다수	품질향상, 병저항성	캐나다, 미국, 멕시코, 중국

[표 25] 형질전환을 이용하여 상업적으로 등록한 원예작물들

2) 분자마커 기술[25]

지난 30년동안 분자 마커 기술을 이용한 작물육종과 개발의 연구는 각광을 받아왔다. 초기 분자 마커인 RFLP (restriction fragment length polymorphism) 으로부터 시작하여 현재 nextgeneration sequencing (NGS) technologies를 기반으로 하여 개발된 single nucleotide polymorphism(SNP)가 광범위하게 이용되고 있다.

NGS를 기반으로 하는 Genotype-by-sequencing (GBS)의 시스템은 차세대 시퀀싱 기술을 바탕으로 새롭게 개발, 발전하고 있는 획기적인 분석법으로 수백만 개의 SNP를 생산하고 그를 통해서 원하는 특정형질의 유전체에서의 위치와 유전자 분자 마커를 개발하여 마커를 이용한 육종 개체를 선발(marker-assisted selection; MAS)하는데 이용된다. 이러한 GBS마커 시스템을 통해서 유전자 지도를 만들어 우리가 원하는 특정 형질에 관여하는 유전자의 위치를 유전체내에서 정확하게 찾을 수가 있다.

전통육종에서 일반적으로 이용하는 표현형에 따른 개체선택은 원하는 특정 유전자가 선택 되었는지를 확인할 수 있는 방법이 없다. 하지만 분자 마커를 통한 최신의 육종기술은 특정 유전자 마커를 통해 원하는 유전자가 있는 식물 개체를 선택하여 육종에 이용할 수 있다. 분자 육종에 있어서 MAS가 성공적으로 되기 위해서는 많은 수의 육종 개체들을 짧은 시간에 얼마나 경제적이고 효율적으로 마커를 이용하여 선별하냐에 달려있다.

최근에 플로리다대학교 딸기 육종팀이 발표한 내용에 의하면 4주간의 시간 동안 약 8만개의 어린 육묘를 분자 마커를 이용하여 병저항성, 개화, 과일향에 관련된 특정 유전자를 선별하여 최고의 품종을 만들기 위한 high-throughput MAS를 진행한다고 한다. 이 육종팀들은 아주 작은 잎에서 rapid DNA추출법을 이용해 DNA를 직접 추출해 가장 효율적으로 빠른 시간 내에 특정 SNP를 탐색할 수 있는 high-resolution meling (HRM) 마커를 이용해서 일련의 MAS과정을 진행한다.

---

25) 식량 및 원예작물의 육종 기술 현황 및 최신 연구 동향, BRIC View, 2018

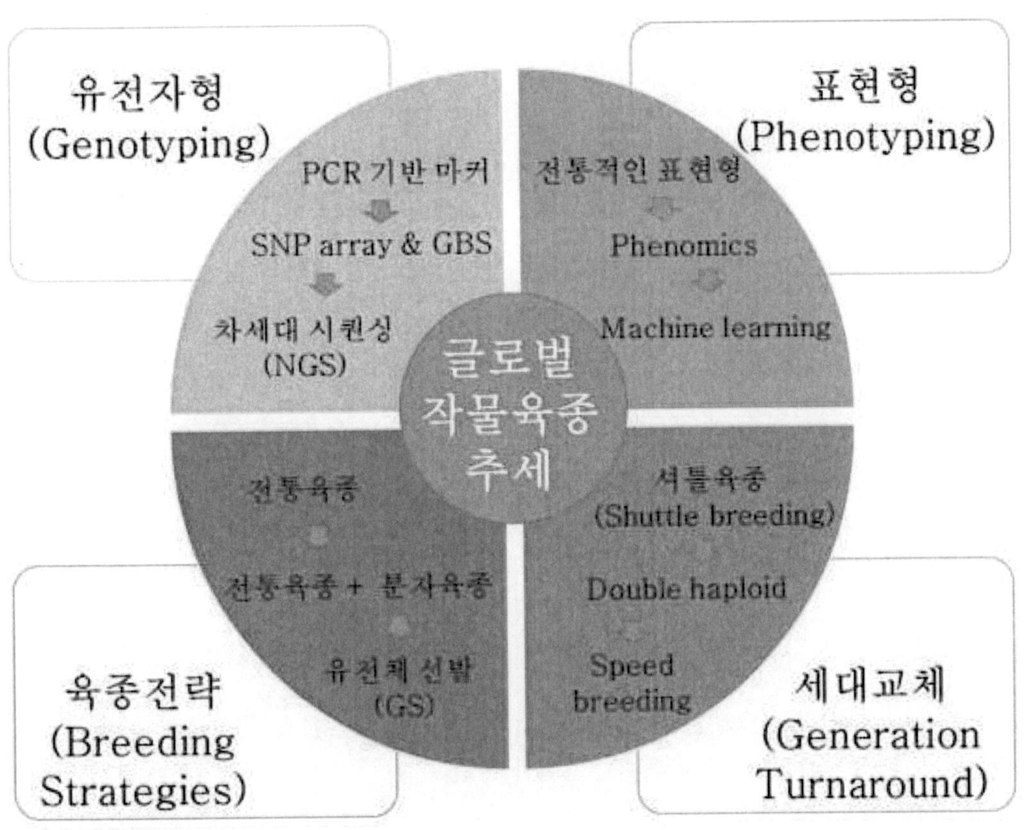

[그림 29] 작물육종의 새로운 육종기술의 변화 과정 및 현재 전세계적인 추세

나. 신육종기술[26)

경제협력개발기구(Organization for Economic Cooperation and Development, OECD)가 운영하는 위원회 분과인 생명공학규제조화작업반회의(Working Group on the Harmonization of Regulatory Oversight in Biotechnology)와 신규식품사료작업반회의 (Task Force for the Safety of Novel Foods and Feeds)는 그간 상용화된 GM작물에 대한 안전성 논란을 회피하거나 완화할 수 있는 신기술 7가지를 선정하여 이를 신육종기술(NPBTs, New Plant Breeding Techniques)로 분류하였다.

OECD가 분류한 7개 기술은 ①Site Directed Nucleases(SDN), ②Oligonucleotide Directed Mutagenesis(ODM) ③Cisgenesis/Intragenesis, ④Reverse Breeding, ⑤ RNA-dependent DNA Methylation(RdDM), ⑥Grafting on GM-rootstock 및 ⑦ Agro-infiltration이다. 유럽연합(EU)은 OECD의 7개 기술에 ⑧Synthetic Genomics를 포함하여 8개 기술을 신기술로 분류하였다.

신육종기술은 최종적으로 개발된 식물에 외부에서 도입된 유전자가 존재하지 않지만 변형(또는 개선)된 특성을 갖는 새로운 품종을 확보할 수 있는 기술로 정의될 수 있다. 구체적으로 염색체상의 특정 위치의 유전자를 대상으로 그 유전자의 염기서열을 변형하여 기능을 변화시키거나(CRISPR-Cas9 및 TALENs 등의 SDN-1 형태의 유전자가위기술, ODM, RdDM 기술), 특정 위치에 목적하는 염기서열 또는 유전자를 도입하거나(TALENs, CRISPR-Cas 등의 SDN-2 형태의 유전자가위기술), 진화론적으로 근연종의 유전자를 변형하지 않고 도입하거나 (Cisgenesis), 유전자조절부위를 메칠화하여 유전자 발현을 조절하거나(RdDM), GM대목에 non-GM 접순을 붙이는(Grafting) 등의 기술이다.

관행육종에 비해 신육종기술이 가지는 기술적 장점은 다양하다. ①작물의 기능을 정확하고 빠르게 향상시키고 품종개발 시간을 단축시켜 개발비용을 단축시키며, ②유전자의 무작위한 변이를 유도하는 것이 아니라 원하는 유전자만 변이가 가능하고 교배가 불가능했던 작물에도 활용이 가능하다. 또한 ③외부 유전자의 도입이 없는 기술의 경우에는 GMO 대체 기술로서 부각된다.

---

26) 차세대 농작물 신육종기술 개발사업, 한국과학기술기획평가원, 2018.12

기술명	특징
Site Directed Nucleases (SDN)	DNA를 nuclease 기능을 갖는 부분으로 구성되어진 단백질 복합체를 SDN 이라 하며 이 복합체를 코딩하는 유전자를 식물핵에 형질진환 또는 단백질복합체를 식물 핵내로 직접 도입
Cisgenesis (동종기원)	상호 교배가 가능한(crosscompatible) 종에서 유래된 유전자를 도입하는 기술로서 선발 마커/벡터 Backbone 제거되어 목표 유전자만 전달
Reverse Breeding (역육종)	RNA interference를 이용하여 유용 형질을 갖고 있는 선발된 heterozygous 개체의 meiotic recombination을 방해하여 목적형질을 갖고 있는 배우자를 선발하여 반수체 식물체로 만들고 순차적으로 상동이배체를 만드는 방법
Grafting on GM rootstock (접목)	GM 식물의 뿌리 및 줄기에 Non-GM 식물의 접목을 통하여 질병저항성 및 생산능력 향상 등의 GM 특성 부여
Oligonucleotide-directed Mutagenesis (ODM)	oligonucleotide를 세포에 주입하여 그와 상동위치 염색체 DNA와 hybridize를 통하여 mismatch된 결합 및 복구를 유도
RNA-dependent DNA Methylation (RdDM)	dsRNA가 short interfering RNAs(siRNAs)로 잘려지고 이 siRNA가 target gene의 프로모터 영역에 메틸화를 유도하여 발현 조절
Agroinfiltration	재조합된 유전자를 Agrobacterium을 매개로 이용하여 특정 조직에 직접 감염하여 단시간에 고농도의 유전자를 일시적으로 발현이 되도록 하는 기술
Synthetic Genomics (합성유전체학)	Genome 수준으로 유전자를 개조 및 조작하는 기술로 DNA 조각을 제작하여 염색체 수준으로 긴 단편을 만드는 기술이 포함됨. 이러한 합성 염색체를 제작하는 과정에서 필요 없는 유전자는 제거하고 필요한 유전자만 넣어 원하는 산물을 최대로 얻을 수 있도록 생물학적 과정을 조작하는 기술

[표 26] 신육종기술의 종류

1) SDN(Site Directed Nuclease)

SDN(Site Directed Nuclease)은 단백질 복합체이며 특정 DNA sequence를 인식하고 결합하는 기능의 단백질 부분과 인식된 DNA를 절단(site specific double strand break, DSB)하는 nuclease(예, Fok I 제한효소의 nuclease domain) 기능을 갖는 부분으로 구성되어 있다. 이 복합체를 코딩하는 유전자를 식물 핵에 형질전환하거나 단백질복합체를 식물 핵 내로 직접 도입할 경우, 발현된(또는 도입된) 단백질 복합체가 목표부위를 인식하여 DNA를 절단하고, 세포의 내재 복구 시스템에 의하여 염색체 연결이 진행된다.

SDN-1 type은 절단 위치에서 non-homologous end joining(NHEJ) 시스템에 의해 복구가 진행되는 과정에서 불특정 염기의 결실 또는 첨가되는 변이가 발생하게 되어 특정 유전자 발현이 변화된 식물을 만드는 것이다. 형질전환방법을 이용한 SDN기술은 형질전환체 후대 분리 세대의 유전자 분석을 통하여 SDN복합체 유전자가 존재하지 않고 의도한 돌연변이가 발생한 개체를 선별하여 이용한다.

SDN-2 type의 경우, SDN과 함께 target sequence(DSB 부분)에 한 개의 염기가 변형된 염기서열을 갖고 있는 재조합 DNA단편(repair template)을 인위적으로 제공하면 homologous recombination에 의하여 새로운(repair template) DNA가 도입된 식물체를 만들 수 있게 된다. 이 방법은 SDN-1과 달리 목적하는 정확한 위치에 단일염기의 변형을 추구할 수 있다.

SDN-3는 SDN에 의하여 발생한 DSB에 목적유전자(일반적으로 gene)를 도입할 때 이용하는 방법이다. 도입하고자 하는 유전자단편의 양 말단에 도입위치(DSB가 일어나는 위치)와 상동적인 DNA서열이 존재하는 repair template를 SDN과 함께 제공하면 내재하는 복구 시스템인 homologous recombination에 의하여 유전자가 도입되는 방법이다.

대표적인 SDN 시스템으로는 Zinc Finger Nucleases(ZFNs), Transcription-activator Like Effector Nucleases(TALENs), Mega Nucleases(MNs), CRISPR/Cas-9이 있다.

가) 유전자가위기술

유전자가위기술은 SDN 기술의 대표적인 시스템으로 특정 부위의 DNA를 제거/수정/삽입하는 것으로 우수한 형질을 식물에 도입하거나, 원치 않는 형질을 제거하는 등 기존 전통육종 방식의 한계를 극복하는 기술이다. 2000년대 중반 1세대 유전자가위인 ZFN(Zinc Finger Nuclease)이 개발된 이래 2세대 유전자가위 TALEN을 거쳐 가장 혁신적인 유정자교정 기술로 주목받고 있는 현재의 3세대 유전자가위인 CRISPR/Cas9에 이르기까지 매우 빠른 속도로 발전하고 있다.

ZFN, TALEN에서는 단백질 모듈들이 DNA를 인식하는 역할을 수행했던 것과는 달리 CRISPR/Cas9은 가이드 RNA가 DNA 서열을 인식한다. 가이드 RNA를 통해 표적 DNA에 결합하게 되면 Cas9 단백질이 가지고 있는 두 개의 DNA 절단 도메인이 활성화 되어 표적

DNA를 자르게 된다. 가이드 RNA는 ZFN, TALEN의 DNA 결합모듈 단백질에 비해 쉽고 효율적으로 제작이 가능하기 때문에 현존하는 유전자가위 중에서 가장 기술적 파급력이 커 생명공학 연구 및 산업분야 적용이 활발하다.

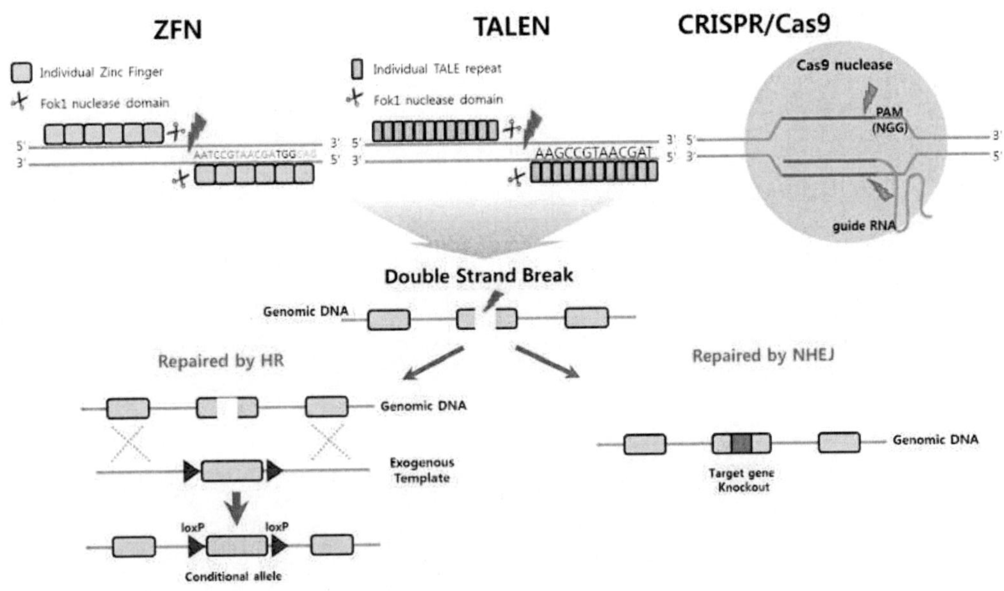

[그림 30] 유전자가위기술

세대	Endonuclease	특징
1세대 ZFN	Zinc Finger Nuclease	원하는 위치의 유전체 서열 교정을 가능함을 보여준 첫 유전자가위로서 의미가 크나 징크핑거 단백질을 인식할 수 있는 DNA 서열이 제한적임
2세대 TALEN	Transcription Activator-like Effector Nuclease	ZFN과 구조와 작동 방식이 유사하지만, 유전자가위의 크기가 매우 크다는 단점이 있음
3세대 CRISPR/Cas9	• CRISPR: Clustered regularly interspaced short palindromic repeats • Cas9: CRISPR associated 9 gene, endonuclease • RGEN: RNA guided endonuclease	RNA-단백질 복합체 구조로 구성되어 있으며, 쉽고 효율적으로 제작할 수 있어 기술적 파급력이 큼
3.5세대 CRISPR-Cpf1	Cpf1	포도상구균에서 발견한 endonuclease. Cpf1은 Cas9보다 훨씬(1/3) 작은 미니 효소이기 때문에 성숙한 세포 속으로 쉽게 들어갈 수 있는 장점이 있음

[표 27] 세대별 유전자가위 특징

2) 동종기원(Cisgenesis) 기술

동종기원(Cisgenesis)기술은 동종(種)내 재래종이나 야생종으로부터의 우수형질을 집적하는
기술로 빠른 시간 내에 특정 형질을 고정하기 위한 방법이다. Cisgenic 육종은 cDNA형태가
아닌 전체 유전자(promoter, exon, intron)를 형질전환하여 재분화시키면서 목표형질이 발현
된 개체를 선발하되 유전자만 들어가고 나머지 형질전환벡터 또는 관련 부위는 전부 도태된
다.

Intragenesis의 경우 유전자의 구성이 다른 종의 promoter(프로모터), coding(유전자)부위
를 섞어서 in vitro(시험관내)에서 제작한 후 사용하여 GMO 논란 가능성이 있는 반면, 형질
전환시 재조합 분리되는 특정 벡터를 사용하기 때문에 나중에 타겟 유전자만 옮겨져 최종 산
물이 non-GMO가 되는 특징이 있다. 각 육종방법별 육성기간을 계산하면 전통육종의 경우
평균 최소 7년~8년, 그리고 GMO 육종의 경우는 형질전환기간을 포함하여 10년 이상 걸리지
만, Cisgenic 육종은 형질전환기간을 포함하여 3년~4년이면 충분히 가능하다.

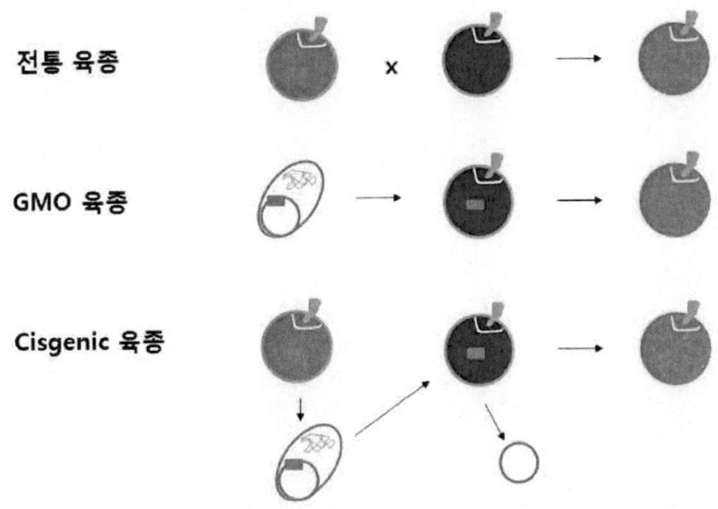

[그림 31] Cisgenic 육종과 다른 육종과의 차이점

전통 육종	빨간사과와 파란사과를 교배하여 특정유전자(보라색 사과를 만드는 유전자)가 발현되도록 하여 여교배 세대를 거치면서 보라색 사과를 선발
GMO 육종	특정유전자를 직접 파란사과에 주입하여 그 발현이 되는 보라색사과를 선발하는 경우. 형질전환 후 재분화하여 선발한 개체를 여교배를 통해서 GM계통을 만들어야 하니 오랜 기간이 소요
Cisgenic 육종	cDNA형태가 아닌 whole 유전자(promoter exon, intron)를 형질전환하여 재분화시키면서 보라색사과를 선발하되 유전자만 들어가고 나머지 형질전환벡터 또는 관련 부위는 전부 도태(selection-out)

[표 28] 전통 육종, GMO 육종, Cisgenic 육종 비교

3) 역육종(Reverse Breeding)

역육종(Reverse Breeding)은 RNA interference 기작을 이용하여 목적형질을 갖고 있는 배우자를 선발한 뒤, 반수체 식물체를 만들고 순차적으로 상동2배체를 만드는 기술이다. 생식세포가 분열할 때 염색체간, 유전자간 재조합을 한 후에 감수분열을 하여 딸세포를 만드는 과정에서 non-recombination, 즉 염색체간의 교차가 일어나지 않게 되면 감수분열 전의 염색체 구성과 배열 상태가 그대로 딸세포로 전해질 수 있으며 궁극적으로 약배양 등을 이용하여 DH(doubled haploid, 배가반수체) 개체들을 얻을 수 있다.

최종적으로 transgene이 없는 homozygote가 선발되면 자가수분 등을 통해 여러 세대 계속 유지될 수 있으며, 형질 전환을 통해 많은 개체가 만들어지면 개체 간 상호 교배를 통하여 더 다양한 유전자원을 만들 수 있다. GMO 기술을 이용하여 우수형질 개체를 확보할 수 있는 non-GMO 개발 기술로 보는 경우도 있으나, 이럴 경우 최종 산물이 GMO가 아니라는 것을 증명하기 위한 유전체 분석이 요구된다.

4) 접목(Grafting)

접목(Grafting)은 내병성 또는 성장초세 등 유용형질을 갖는 GM대목에 non-GM접수를 접목하여 육묘의 생육과 발달을 증진시키면서 최종 산물인 non-GMO를 확보하는 기술이다. 접목된 육묘는 생육이 강한 GM대목으로부터 무기질과 수분을 섭취하면서 잘 성장할 것이며, 결과적으로 수확되는 생산물은 non-GMO가 되는 것이다.

5) Agroinfiltration

Agroinfiltration은 재조합된 아그로박테리움을 매개로 이용하여 특정 조직에 감염하여 단시간에 고농도의 유전자를 일시적으로 발현이 되도록 하는 기술이다. 유전자의 일시적인 발현을 통해 유전자의 기능 또는 세포내 위치, 단백질-단백질 상호작용 등을 연구하거나, 단백질을 대량 생산하기 위해 최근 10년 전부터 식물 생물학 및 식물 생명공학 연구에서 널리 사용되는 기법이다.

기술적 장점은 속도와 편리성이기 때문에 식물 육종에서 특정 형질(내병성 유전자 등)을 가진 식물을 찾는데 주로 사용하고 있으며, 식물에서 재조합단백질 생산을 위한 분자농업에도 사용하고 있다.

6) ODM(Oligonucleotide-directed Mutagenesis)

ODM(Oligonucleotide-directed Mutagenesis)는 기존의 상동재조합을 활용하는 유전자치환에 해당하는 것으로 원하는 염기서열을 특정 부위에 도입시키는 기술이다. 식물세포로 작은 단편의 합성된 DNA 분자가 도입되어 진행되며, 식물체의 복구기작(repair mechanism)이 도입된 oligonucleotide를 template로 하여 존재하는 변이가 식물체의 게놈으로 전이된다.

이러한 과정을 통해 원하는 형태로 타겟 DNA 서열이 변화되며, oligonucleotide 자체는 게 놈으로 삽입되지 않고, 작은 범위의 서열차이(1~5 bp/nucleotide)만을 가진다. ODM에 의한 돌연변이는 전통적인 돌연변이 유기방법(방사선 조사 등)과 유사하나, 원하지 않는 돌연변이를 생산할 필요가 없어 시간을 단축할 수 있다는 장점이 있다.

7) RdDM(RNA-dependent DNA Methylation)

RdDM(RNA-dependent DNA Methylation)은 목표 염기서열 속의 DNA cytosine 잔기를 메틸화하여 목표유전자의 발현을 억제 또는 촉진하는 기술이다. DNA의 염기서열 자체는 변화 시키지 않으면서 DNA의 메틸화 상태 변화를 일으켜 일반적으로 후성유전학적 변화 (epigenetic modification)라고 한다. 특정 식물 유전자의 발현을 억제하기 위해 식물의 RISC(RNA-induced silencing complex)시스템을 이용한다. Methylation은 안정적으로 유지 되지 않고 세대가 진전됨에 따라 사라지는 경향이 있으며, 아직까지 이 기술을 활용한 상업화 사례는 없다.

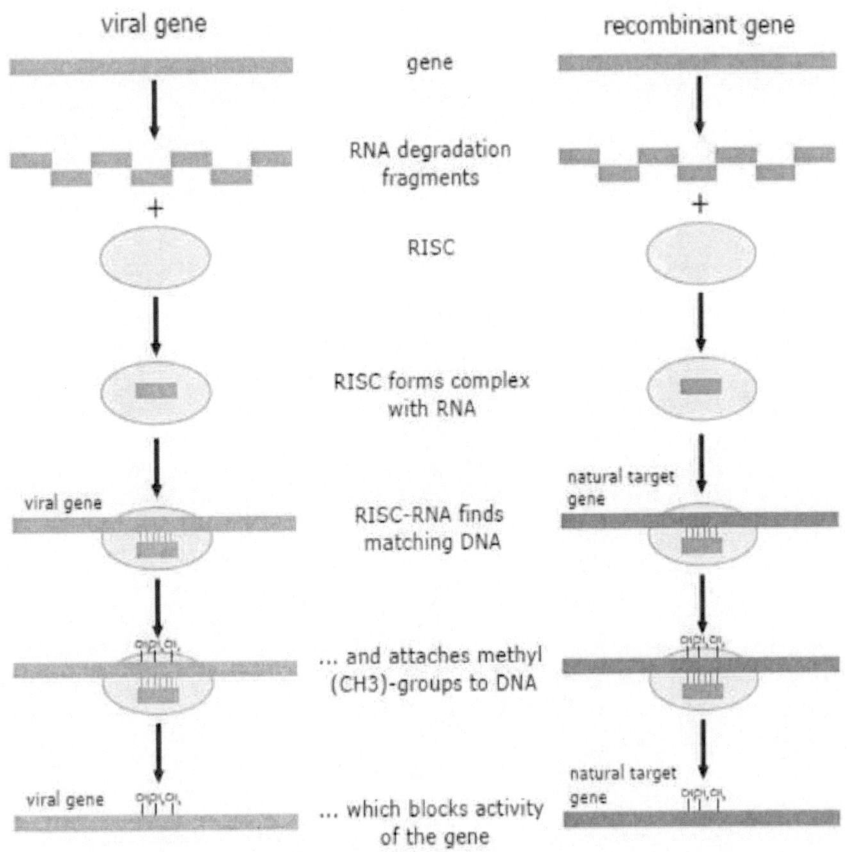

[그림 32] RdDM 메카니즘

8) 합성유전체학(Synthetic genomics)

합성유전체학(Synthetic genomics)은 합성 염색체를 제작하는 과정에서 필요 없는 유전자는 제거하고 필요한 유전자만 넣어 원하는 산물을 최대로 얻을 수 있도록 생물학적 과정을 조작하는 기술이다. Genome 수준으로 유전자를 개조 및 조작하는 기술로 DNA 조각을 제작하여 염색체 수준으로 긴 단편을 만드는 기술이 포함된다. 대장균, 효모에 관한 연구는 비교적 활발하기 진행되고 있는 반면, 식물에서는 아직 합성유전체학기술이 적용되고 있지 않다. 해외에서는 일부 C4 작물의 개발, 질소고정 작물 개발 등의 도전적 연구가 이루어지고 있으나, 최종 산물이 GMO이기 때문에 적용 작물이 제한적이다.

다. 원예작물 육종 기술[27]

1) 지놈 선택(Genomic selection; GS)

1980년대 초반에 발전한 분자 마커를 이용한 육종의 기술은 최근 대량 마커를 이용한 유전자형을 선발할 수 있는 시스템 즉 High-throughput genotyping (HTG), SNP 마커들을 이용하여 양적형질좌위(Quantitative trait loci: QTL) 연관 마커들을 조사함으로써 육종작물의 각각의 개체들을 직접 포장에서 재배하지 않고 그 특성을 분자 마커로 알아낼 수가 있다.

따라서 분자 마커를 이용한 MAS 육종은 어떤 특정형질이 적은 수의 유전자에 의해서 조절될 때 아주 효과적으로 이용될 수 있다. 하지만 많은 수의 유전자들이 복잡하게 서로 연관되어서 어떤 특정 형질, 즉 과실크기, 당도, 색깔, 생산량 등을 관여할 때는 일반적인 MAS는 사용이 불가능하다.

Genomic selection (GS)는 NGS를 기반으로 하는 새로운 genotype arrays의 발전으로 점점 더 각광받는 분야이다. 기존의 전통육종방법과 접목하여 MAS를 통한 분자육종으로도 이해할 수 없었던 많은 수의 유전자들과 그에 따른 형질들이 서로 복잡하게 얽매여 있더라도 수많은 마커들의 연관성을 조사하여 원하는 특정 개체선발을 가능하게 해준다.

최근 저렴한 가격의 high-throughput SNP array 칩들과 또한 NGS기술의 유효성은 많은 수의 집단이라 할지라도 통계학과 computational model로 수많은 마커들과 표현형의 연관성을 GS를 통해서 정확하게 예측할 수가 있다.

1975년에 비교해서 현재의 시퀀싱 기술은 300만배의 속도가 늘어났고 지난 10년동안 백만배의 가격이 낮추어 졌다. 따라서 현재 주요작물 약 25개의 식물들의 유전체가 완전해독이 되었고 점점 더 많은 수의 시퀀싱 데이터들이 나오고 있다.

콩이 처음으로 GS 기술이 적용되었고 그로인한 신품종은 생산량증진에 크게 기여하였고, 또한 병아리콩(chickpea)에서는 320개의 각 육종묘들이 Diversity array technology (DArTseq) 마커들을 이용하여 GS를 기술을 접목해서 품종개발을 하였다. 점차 GS를 위한 많은 통계학의 방법들이 효과적으로 개발되고 있고 그를 통해 우리는 각 육종 개체들이 어떠한 특정 형질을 가지고 있는지를 아니면 없는지를 점점 더 정확하게 예측이 가능해지고 있다.

---

27) 식량 및 원예작물의 육종 기술 현황 및 최신 연구 동향, BRIC View, 2018

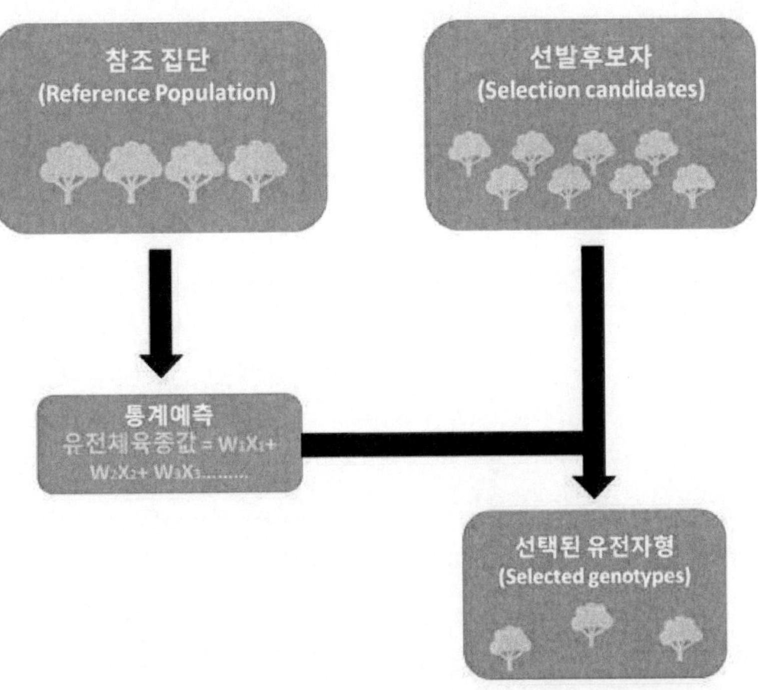

[그림 33] Genomic selection을 이용한 작물개량과 육종

2) Speed breeding

인구의 증가와 자연환경의 변화는 전 세계 식량공급의 문제에 직면하고 있다. 따라서 작물의 신품종의 공급과 품종의 개량은 점점 더 그의 중요성이 증가하고 있다. 그래서 전 세계 각국은 농작물 및 원예작물의 품종개발에 있어서 그 경쟁성이 심화되고 있다.

새로운 품종을 빠른 시간 내에 개발하기 위해선 우선 육종주기(breeding cycle)를 줄여야 한다. 보통 일 년에 1-2회의 세대교체가 정상인데, 최근 품종을 빠르게 만들기 위해서 연구자들은 일 년에 4-6 세대를 인위적으로 온실에서 만들어 육종실험을 하고 있다.

특히 과수육종은 하나의 품종의 개발을 위해 최소 10년이 걸리는데 이 기간을 줄이기 위해서 여러 새로운 육종(Plant new breeding technology) 기술의 선택과 이용이 필수다. 이러한 일련의 과정을 Speed breeding이라 하고 연구 발전을 위해 정기적으로 International Rapid Cycle Crop Breeding (RCCB) 학회를 개최하고 있다.

최근에 보고된 연구에 의하면 연구팀, University of Queensland's Jonn Innes Center와 University of Sydney의 연구팀들은 밀, 보리, 콩, 카놀라를 온도와 광주기를 자동으로 바꾸어서 실험할 수 있는 최첨단 온실에서 실험을 하였다. 식물들을 특수 제작된 LED 라이트로 22시간의 낮을 인공적으로 만들어서 인위적인 광합성을 하게 하여 기존 전통육종보다 육종의 사이클을 3-5배 늘려주었다.

즉 하나의 품종을 5년에 만들 수 있는 것이 이 실험을 통해 짧게는 1년 안에 가능하게 된 것을 보여주었다. 이 연구는 세계적인 과학저널인 Nature에 실렸다.

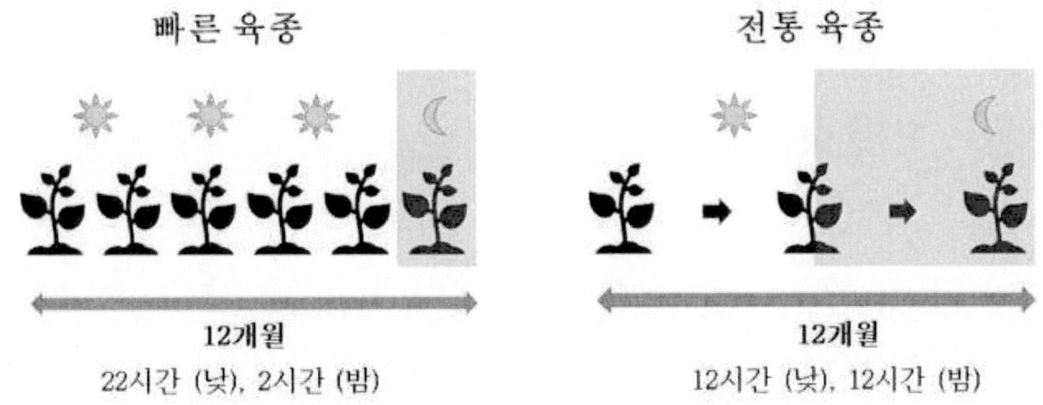

[그림 34] Speed breeding을 통한 육종 세대교체의 단축

3) 유전체 편집(Genome editing)

최근에 주목되고 있는 유전체편집 기술은 의학의 연구에 시작하여 식물 작물육종에 접목되고 있다. 일명 크리스퍼라 불리는데 CRISPR (clustered regularly interspaced short palindromic repeats)/Cas (CRISPR-associated) 시스템은 세균의 바이러스로부터의 방어기작으로 연구되어서 그 원리를 작물육종에 적용하여 원하는 형질 및 작물의 특성을 유전자 보정 및 교정의 과정을 통해서 정확하게 바꿀 수 있는 기술로 인정되고 있는데, 정밀육종(precision breeding)이라고 불린다.

CRISPR 기술은 특히 유전체가 복잡한 작물이나 과수작물에 효율적으로 이용될 수 있다. 최근 미국에서 플로리다 오렌지의 녹화병(Greening disease)으로 인하여 많은 산업의 손실이 있었고 이 기술을 이용한 새로운 품종개발의 연구에 성공을 하였다.

전통육종에 비하여 유전제 편집을 이용한 육종은 작물의 품질향상과 유통기간을 늘릴것으로 기대가 되고 특히 색깔, 과일 형태, 당도, 향기 등 여러 원예작물의 특성을 향상 시키는데 있어서 전통육종을 통해서 하기 어려운 점들을 가능하게 해준다. CRISPR 기술을 육조에 접목하기 위해서 반드시 특정 유전자의 정보가 있어야 하고 원하는 작물의 유전체의 시퀀싱 정보가 있어야 한다.

CRISPR 기술이 최근에 새로운 육종방법으로 각광받는 이유 중 하나는 이 기술을 이용해서 원하는 유전자를 직접 교정할 수 있어서 형질이 여교잡 세대에서 오랫동안 함께 유전되는 현상(linkage drag)을 줄일 수 있다. Linkage drag는 원하는 특정 형질을 얻기 위해서 교배를 통해 특정 형질의 선택, 선발하는 과정에서 원하지 않은 다른 유전자들이 같이 붙어서 오는 현상을 말한다. 이러한 현상을 없애기 위해서 많은 수의 역교배를 해야 하는데 시간과 비용이 많이 든다.

CRISPR의 다른 큰 장점은 동시에 여러 개의 유전자를 교정할 수 있는데 이러한 HTP technique를 이용해 아주 빠르게 새로운 품종을 개발할 수 있다. 최근 미국 농무성에서는 CRISPR에 생산된 작물은 유전자 변형 작물이 아니다라는 공식 선언을 하였다. 하지만 최근 유럽에서는 geneediting에 의해 만들어진 작물을 GMO로 포함한다는 발표를 하였다.

라. 돌연변이 육종[28)]

식물의 육종기술에는 다른 품종(형질)의 부친과 모친을 교배하여 잡종 후대에서 유용한 변이체를 선발하는 교배(교잡)육종법, 방사선 등 인위적인 방법으로 식물체의 유전적인 변이를 유도하는 돌연변이육종법, 그리고 생명공학기법을 이용하여 다른 종(심지어 동물 또는 미생물도 포함)의 유전자를 뽑아 삽입하여 유용한 유전자변형작물(GMO; Genetically Modified Organism)을 만드는 유전자변형(형질전환) 육종기술로 대별할 수 있다.

돌연변이 육종은 돌연변이원 처리에 의한 무작위로 발생하는 자체의 유전자 변이를 이용하는 반면, 다른 두 가지 육종법은 다른 품종 또는 종의 유전자를 재조합하는 과정을 거친다는 측면에서 큰 차이점이 있다. 돌연변이 육종의 장점을 들자면, 돌연변이원 처리를 위한 변이유기 육종 재료로는 종자, 삽수체, 조직배양체, 꽃가루, 구근 및 전식물체 등을 처리할 수 있기 때문에 교배육종이 곤란한 식물종에도 적용이 가능하다. 그리고, 돌연변이체는 신규 유전자의 탐색 및 유전자의 기능을 밝히는 기능유전체 연구를 위한 중요한 유전자원 소재로 활용되고 있다. 또한, 돌연변이 품종은 70여년 이상 전세계적으로 안전하게 널리 활용되고 있기 때문에 교배육종과 같은 전통육종의 한 방법으로 간주되며, 품종 등록시에도 GMO와 달리 안전성 검사 등이 필요없다.

2019년 12월 18일을 기준으로 국립종자원의 품종보호권 등록 데이터베이스(http://www.seed.go.kr)에 의하면, 돌연변이 육종기술로 개발된 품종 중에 품종보호권이 등록된 건수는 26개 기관 및 업체(개인)에서 32개 식물종 180개(전체 등록 품종 7,879건의 약 2.3%)가 등록되어 있다.

Institution	No. of mutant variety
UriSeed Group Co.	46
Korea Atomic Energy Research Institute (KAERI)	39
Rural Development Administration (RDA)	26
Babo Orchid Nursery	9
Seoul National Univ.	6
Seoul Women Univ.	5
Gyeoungnam Province	5
Cheonnam National Univ.	5
Seedpia Co.	5

[표 29] 품종 보호권 등록 건수 현황

---

28) 한국 돌연변이육종 연구의 역사와 주요 성과 및 전망, 강시용, Korean J. Breed. Sci. Special Issue:49-57(2020. 4)

Institution	No. of mutant variety
Agricultural Union of Orchid Research	4
Chonbuk National Univ.	4
Chungnam Province	3
Hojawon (SJ Kang)	3
PJ Kuig & SN BV	2
Chungbuk Province	2
Cheonbuk Province	2
Cheonnam Province	2
Bio-breeding Research Institute	2
Hyeondae Seed Co.	2
Honam Univ.	2
Chuncheon City	1
Sunkyu Choi	1
JNH Japan Iron C	1
Takamatsu Tomooki	1
Korea Univ	1
Kangwon National Univ.	1

[표 30] 품종 보호권 등록 건수 현황

또한, 국립 산림품종관리센터나 국립수산과학원 소관인 산림자원이나 해조류 자원은 제외한 것으로 실제로는 더 많은 돌연변이 품종이 등록되어 실용화되고 있다고 볼 수 있다. 종묘업체 중에는 우리시드그룹(박공영 대표)가 46건으로 압도적으로 많고, 바보난농원(강경원 대표) 9건 및 시드피아(조유현 대표) 5건 등이다. 대학에서는 서울대 6건, 서울여대 5건 및 전남대 5건 이었고, 지자체 중에는 경상남도가 5건으로 가장 많았다.

품종을 출원 등록한 품종보호권자 기준으로는 민간 종묘업체(개인 및 외국업체 포함)가 76건 (42.2%)으로 가장 많고, 한국원자력연구원 39건(21.7%), 농촌진흥청 26건(14.4%), 대학교 24 건(13.3%), 도농업 기술원 등 지자체가 15건(8.3%)을 차지하고 있다.

Sector	No. of mutant variety
Private company and breeder	76
KAERI	39
RDA	26
University	24
Local government	15

[표 31] 품종보호권자 기준 품종 보호권 등록 건수 현황

작목별 품종수는 벼가 38건으로 가장 많고, 코레오시스(Coreopsis)가 35건, 국화 17건, 심비디움(춘란 포함)이 10건, 가우라와 장미가 각각 8건 순이었다. 전체 32개 품목중에서 화훼류가 108건으로 60%을 점하였으며, 식량작물이 44건(24.4%), 채소류 8건(4.4%)과 유료작물 8건(4.4%), 특용 6건(3.3%), 과수 4건(2.2%) 및 약용 2건(1.1%)순 이었다.

Plant scientific name	No. of mutant variety
Oryza sativa L	38
Coreopsis spp.	35
Chrysanthemum spp.	17
Cymbidium spp.	10
Gaura lindheimeri	8
Rosa spp.	8
Hibiscus cyriacus L	7
Euphorbia pulcherrima Wild. ex Klot.	6
Hosta spp.	5
Dendrobium Sw.	4
Brassica napus L.	4
Perilla frutescens Britt. var.	3
Glycine max (L.)	3
Crassula ovata (Mill.) Druce	3
Hibiscus cannabinus	3
Nertera granadensis	2
Platycodon grandiflorum	2

[표 32] 작목별 품종 보호권 등록 건수 현황

Plant scientific name	No. of mutant variety
Allium sativum L.	2
Brassica rapa × Raphanus	2
Brasssica rapa subsp. pekinensis (Lour.) Hanelt	2
Hordeum vulgare L.	2
Citrullus vulgaris Schrad.	2
Ornithogalum spp.	2
Aster yomena	2
Lycium chinense Miller.	1
Avena sativa L.	1
Sesamum indicum	1
Brachyscome spp.	1
Morus spp.	1
Euphorbia hypericifolia	1
Neofinetia falcata Hu.	1
Rubus fruticosus	1

[표 33] 작목별 품종 보호권 등록 건수 현황

돌연변이원별로는 방사선이 144건(80.0%)이고, 화학 변이원이 36건(20.0%)이었다. 방사선원별로는 엑스선과 양성자빔 각 2건씩을 제외하고는 전부 감마선을 이용한 것이었다. 화학변이제는 MNU (N-Methyl-N-nitrosourea) 처리가 17건으로 가장 많고, 콜히친 4건, EMS (Ethyl-methanesulfonate) 3건 및 NaN3 (3건) 이용이 있었으며, 일부는 불명확한 것도 있었다.

Mutagen	No. of mutant variety
Gamma ray	140
Ion beamn	2
X-ray	2
MNU	17
colchicine	4
EMS	3

[표 34] 돌연변이원별 품종 보호권 등록 건수 현황

Mutagen	No. of mutant variety
MMS	3
NaN3	3
dES	1
unidentified	5

[표 35] 돌연변이원별 품종 보호권 등록 건수 현황

품종보호권 등록제도가 실시된 2000년대 들어 품종 등록건수의 시대별 추이를 보면 2010년 이후에 급속도록 증가하는 추세를 볼 수 있다.

Category of 5 years	No. of mutant variety
2000~2005	20
2006~2010	22
2011~2015	80
2016~2019	58

[표 36] 년도별 품종 보호권 등록 건수 현황

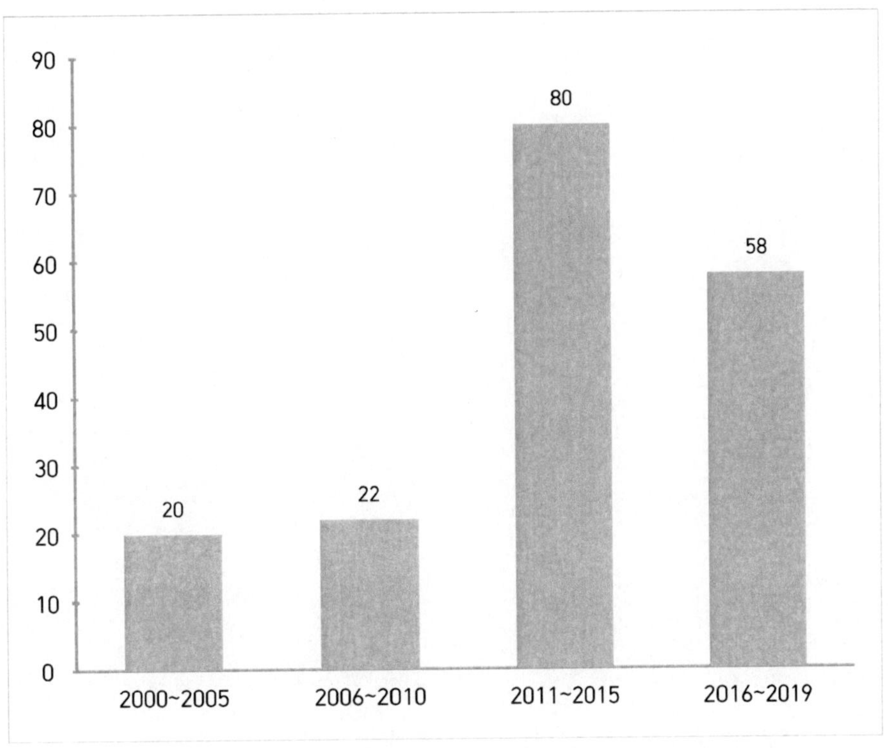

[그림 35] 년도별 품종 보호권 등록 건수 현황

돌연변이 품종의 개발 및 실용화 사례를 살펴보면, 한국원자력연구원은 1990년대 이후 기존 품종을 개량하여 수량성과 내도복성이 개량된 '원청벼', '원평벼' 등 10여종의 일반벼 품종을 개발하여 등록하고 농가에 보급하였다. 또한, 남해안 지역에서 녹미로 이용되던 재래종 생동찰벼의 출수기를 앞당기고 키를 작게하여 전국에서 안전하게 재배하도록 '녹원찰벼'를 개발하였다. 이 품종은 클로로필 및 카로티노이드 등 색소 함량이 높고 녹색 찰현미로 이용이 가능하여 개발후 20년 이상 꾸준히 농가에서 재배되어 지역 특산브랜드미로 생산 판매되고 있다.

동안벼배(씨눈)를 떼어내어 배양한 캘루스에 감마선 조사와 5 MT(5-methyl tryptopan) 저항성 세포를 선발하여 양성한 변이체 집단에서 아미노산이나 토코페롤 등의 함량이 높은 '골드아미 1호', '토코홍미' 등이 최근에 품종 등록되어 주목을 받고 있다.

농촌진흥청 벼 육종연구진은 일품벼의 수정배에 MNU를 처리하여 697개체의 돌연변이체를 얻고, 그 후대에서 '백진주'(반찰), '고아미벼2호'(고 아밀로스-고 식이섬유), '설갱'(뽀얀 멥쌀, 양조용) 및 '큰눈'(거대배아미), 찰(수원428호)등 다양한 특수미 품종들을 육성하였다. 일품벼 유래의 돌연변이 한 집단 내에서 내도복성과 초형 등 원품종의 우수한 특성을 그대로 간직하면서 쌀의 구성 성분만 변화시켜 특수미를 만든 것으로 돌연변이육종 기술의 장점을 최대한 살린 대표적인 성공사례라 할 수 있다.

서울대에서도 화청벼에 MNU를 처리하여 기능성물질 감마아미노낙산(GABA: γ-amino butric acid)의 함량이 높은 거대배아미 '서농6호'를 개발하여 실용화하였다. 최근에는 민간업체인 시드피아(주)에서도 밥맛이 좋은 '골든퀸 -2호'와 '-3호'를 돌연변이육종 기술로 개발하여 실용화하였다.

2000년대 들어 국내 돌연변이 육종 연구에서 큰 변화는 화훼류 품종 개발에 많은 성과가 있었다는 것이다. 특히, 종묘업체 및 민간 육종가들도 돌연변이 육종 성과로 많은 품종 개발과 상업화를 달성하고 있다.

몇가지 사례를 보면, 난의 경우 바보난농원에서 감마선조사와 조직배양 기술을 이용하여 '동이', '은설', '로얄골드', '로얄프레젠트', '상작' 등 식물체는 소형이면서 잎무늬 위주의 돌연변이품종을 개발하여 농가재배 및 상품화가 이루어졌는데, 선물용으로도 인기가 높다. 우리시드그룹(우리꽃연구소)에서는 가우라 및 코레오시스속 식물을 중심으로 많은 돌연변이 품종을 개발하였고, 호자원에서는 염자를 대상으로 관상가치가 높은 컬러 잎을 나타내는 신품종을 개발하였다. 이들 업체에서 개발된 품종은 국내 상품화 뿐만 아니라 일부는 외국에 로열티를 받고 수출이 되고 있는데, 이들은 비주류인 품목을 선택하여 세계적인 경쟁력을 갖는 우수한 품종을 육종하여 상품화한 대표적인 성공사례라 할 수 있다.

이 이외에도 화훼류에서는 한국원자력연구원과 경남 및 충남 도농업기술원에서는 감마선을 조사하여 다양한 화색의 국화 돌연변이신품종을 개발하였고, 전남대와 호남대에서는 장미 품종을 개발하였다. 포인센티아의 경우, 농촌진흥청 연구진이 포엽 색깔이 기존의 붉은색에서 보라색과 분홍색을 나타내는 돌연변이 품종을 감마선조사로 개발하여 품종등록과 기술이전을 실시하였다.

이외에도 한국원자력연구원에서는 감마선 조사로 무궁화 신품종을 다수 개발하였는데, 그 중에 '꼬마' 품종은 키가 작은 왜성 품종으로 분재용 및 화분 재배가 가능하여 많은 주목을 받았다.

식량작물 및 화훼류 이외에도 최근에는 외국에서 신도입된 작물, 특약용 작물, 채소류 및 과수류 분야에서도 돌연변이육종 기술을 활용한 연구가 적극적으로 이루어져 성과를 내고 있다. 한국원자력연구원에서는 친환경 산업소재용 섬유식물인 케나프(Kenaf, 양마)를 도입하여 방사선육종기술을 이용하여 국내 기후환경에서도 생장성이 뛰어나고 종자 채취가 가능한 신품종 '장대'를 개발하여 국내 최초로 품종 등록을 하고 민간업체에 품종실시권을 이전하였다.

최근 케나프는 사료용 및 바이오연료용 펠렛 생산을 위한 대규모 국내 재배가 추진되고 있다. 과수 분야에서는 민간업체와 협력으로 감마선조사와 조직 배양 기술을 이용하여 블랙베리(Blackberry) 신품종을 개발하였고, 정읍 지역의 특산 산업화가 추진되었다. 재래종 차조기를 감마선을 이용하여 개량한 신품종 "안티스페릴"의 경우, 천연물연구팀과의 공동연구를 통하여 항염증 효능 물질인 이소에고마케톤(IK) 함량이 원품종 보다 10배 이상 증가한 것을 확인하였다.

이 IK의 효율적 성분 추출 방법을 개발하고, 추출물을 활용한 동물실험과 인체적용 실험을 통하여 관절염 개선 효과가 뛰어나다는 것을 밝혀 특허를 출원 등록하였으며, 안티스페릴의 품종실시권과 관절염개선 추출물 관련 기술이 산업체에 이전되어 건강기능성 식의약 소재로 상품화가 추진되고 있다. 이는 육종가와 천연물연구자의 협력에 의해 돌연변이 육종 기술로 특정 기능성물질의 함량을 크게 증진한 자원을 육종할 수 있고, 고부가가치 식의약소재로도 산업화할 수 있다는 것을 보여준 성공사례라고 할 수 있다.

국내의 돌연변이 육종연구는 교배육종 및 생명공학의 발전으로 한동안 소외되어 왔으나, 그동안 국내외의 꾸준한 품종개발 성과와 돌연변이가 유전자원 확대에 유용하다는 것이 밝혀지면서 최근 관련 연구도 증가하는 추세이다. 그리고 방사선 돌연변이 육성 품종은 안전하다는 것이 이미 검증되어 소비자들의 오해도 해소된 상태이기 때문에 현재 환경·식품적인 위해성 논란으로 막대한 연구비와 기간을 소요하여 개발해 놓고도 이용이 제한되고 있는 GMO와의 차별성도 갖추고 있다. 따라서 앞으로 돌연변이 기술은 국내 식물 품종개발 뿐만 아니라 post-genome 시대의 기능유전체 연구발전에도 크게 기여할 것이다.

마. 디지털육종 기술[29]

전통육종과 분자육종의 단점을 보완하고 농생명빅데이터를 육종에 적용하기 위하여 2010 년 이후부터 예측육종법(predictive breeding)이 널리 연구되고 적용이 되고 있다 (그림 30). 이는 육종가의 경험과 지식을 학습집단(training population)을 통하여 기계학습법 (machine learning)을 통하여 학습시킨 후 모델을 작성하고 실제 육종집단에 적용하여 선발을 하는 방법으로서 많은 시행착오를 거치고 있지만 차세대육종법으로 자리를 잡고 있음은 명확한 사실이다. 그러나 전통육종법과 분자육종법은 종자산업 전반에 널리 이용이 되고 있 지만 예측육종법은 아직 시작 단계에 있으며 산업적인 이용사례는 매우 드물다.

이와 같이 식물의 육종은 유전학 및 유전체학의 발전과 더불어 비약적인 성장을 해왔으며 세계적 식량안보에 많은 부분을 이바지했다. 현재의 식물육종 기술은 과거에 비하여 매우 발달한 상태이므로 식물육종시에 최신의 육종법을 도입하기보다는 육종의 목적에 맞는 방법을 선택하여 목표형질을 도입하는 것이 가장 효율적이라고 할 수 있다.

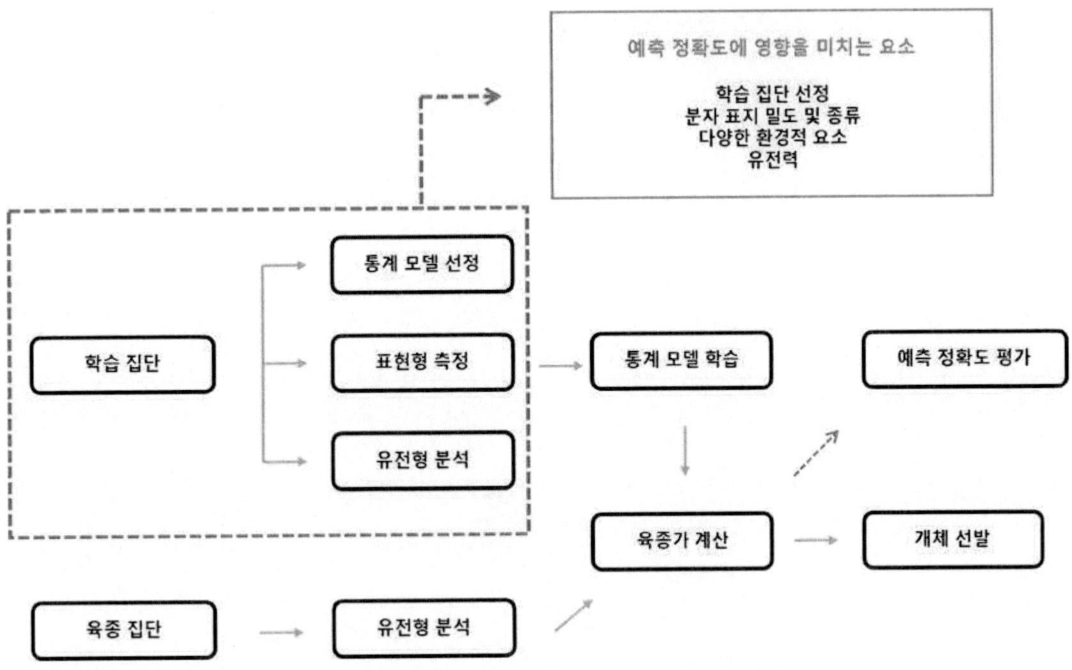

그림 36 예측 육종의 기술 중 하나인 유전체 기반 선발법

디지털은 현재 우리나라 과학 및 산업 전반에 중요한 키워드로 자리 잡고 있지만 디지털이라는 용어는 역사가 오래된 것임을 독자들은 잘 알고 있을 것이다. 사전적인 의미의 디지털은 '물질, 시스템 등의 상태를 이산적인(이진법을 이용한) 숫자 또는 문자 등의 신호로 표현하는 일'을 뜻한다. 식물 육종에서의 디지털이라는 용어는 확실하게 정립이 되어 있지는 않은 개념이며 이를 연구하는 학자들에게는 오히려 더 모호한 개념일 수 있다. 표준화된 대량의 정보를 얼마나 사용하느냐에 따라 디지털 육종 기술의 단계를 자동차공학에 적용되는 자율주행기술

---

29) 식물 디지털 육종 기술의 발전과 미래의 종자산업 / BIO ECONOMY BRIEF 170호

단계별 분류와 같이 나누어서 정리를 하고자 한다 (그림 31 참조).

단계	기술정의	육종통계모델	육종법	자율주행 기술정의 (SAE, 미국자동차공학회, 2016)
0	디지털기술 적용 없음	없음	전통육종	운전자 항시운행
				비자동화
1	분자표지 개발을 위한 분자수준의 데이터 이용	QTL (composite interval model)	분자육종	시스템이 차간거리 조향등 보조
				육종가(운전자) 적극 개입
2	분자표지 개발을 위한 빅데이터 이용	GWAS (GLM, MLM, FarmCPU, etc.)	분자육종	특정 조건에서 시스템이 보조 주행
				부분 자동화
3	양적형질에 대한 유전체기반 육종가 예측	GS (BLUP, LASSO, Bayesian, Machine learning, etc.)	예측육종	특정 조건에서 자율주행, 위험시 운전자 개입
				조건부 자동화
4	환경요소를 고려한 표현형의 예측	Phenotype prediction (ML, DL)	예측육종	운전자 개입 불필요
				고도 자동화
5	인공지능을 활용한 식물 육종의 완전 자동화	Automated breeding design of all processes (DL)	인공지능육종	운전자 불필요
				완전 자동화

그림 37 디지털 육종의 단계별 기술 정의 및 자율주행 기술 단계별 분류와의 비교

디지털 육종이라는 용어는 한가지 기술로 정의될 수 없기 때문에 기술 수준과 육종가의 개입 정도에 따라 총 6단계로 분류가 가능하다. 먼저 전통육종법은 육종가가 전 과정에 개입을 해야하며 표현형의 평가를 육종가에게 전적으로 의존하기 때문에 디지털 육종과는 명확히 구분이 가능하다. 다만 최근 활발한 연구가 진행되고 있는 빅데이터 기반의 예측육종법 만이 아닌 분자육종도 낮은 수준의 디지털 육종으로 분류를 하고자 한다. 이는 최근에 발전한 대용량 염기서열 분석법에 따른 빅데이터를 활용한 분자표지의 대량 생산 및 개발이 가능하기 때문이다. 높은 수준의 디지털 육종으로는 유전체기반선발법(genomic selection)을 활용한 예측육종 부분이다. 예측육종에는 육종가의 개입은 있지만 표현형의 판단과 예측 부분이 통계모델에 기반한 기계학습에 의하여 수행되는 경우(단계 3, 조건부 자동화)가 그 시작점이라고 할 수 있으며 현재 식물 육종의 기술 수준은 단계 3의 도입 시기라고 정의할 수 있다. 현재의 단계 3 기술이 성숙기로 발전하기 위해서는 목표 형질에 맞는 다양한 학습집단의 구축과 통계 모델의 개선 등이 선행이 되어야 할 것이다. 3단계 기술이 정착이 된다면 식물의 형질을 결정하는 중요한 인자인 환경요소를 고려한 디지털 육종이 기계학습과 딥러닝 기법으로 연구가 되어야 할 것이다(단계 4, 고도 자동화). 결국 이 모든 과정은 식물의 생육에 필요한 조건들과 유전력에 기초한 모든 자료들이 목록화 되고 육종가의 개입이 없이 완전자동화 되는 5단계로 진화가 되어 모든 기술이 완성단계에 이르게 될 것이다.

<디지털화된 식물 육종이 종자산업에 미치는 효과>
이전 섹션에서 서술했듯이 현재 디지털 육종은 3단계(조건부 자동화) 기술 수준은 도입단계에 있다. 따라서 높은 수준의 디지털 육종법으로 만들어진 품종은 아직 없는 것으로 확인되지만 일부 글로벌 기업에서는 실제 품종의 개발까지 완료된 경우가 있는 것으로 판단이 된다. 그러나 아직 종자시장에 출시된 경우는 없는 것으로 조사가 되고 있지만, 만약 높은 수준의 디지털 육종이 상업화되고 주도적으로 시장을 이끌어 갈 경우에는 정의된 집단이 필요하

게 되며 기존의 분자육종보다 더 다양한 유전자원의 확보가 유전집단과 육종집단으로 활용되어 그 성패를 결정할 것이기 때문에 국가 주도의 연구개발이 선행되어야 일반 기업의 기술수준을 같이 상승시킬 수 있는 낙수효과가 나타날 것으로 생각이 된다. 글로벌 기업의 경우는 충분한 유전자원과 연구인력을 보유하고 있지만 현재 국내 종자산업은 매우 미미한 수준이 며 식량작물의 경우 정부 중심의 육종 연구가 수행이 되고 있기 때문에 국내시장은 전무한 수준에 가깝다. 하지만 디지털 육종의 도입과 적용을 통하여 국내 종자산업 생태계가 바뀌는 순간을 맞이할 가능성은 현재 기술을 어떻게 연구하고 발전시킬지의 장기적인 계획을 수립하 여 체계적으로 이행하는 것을 통해서 가능할 것으로 판단된다. 특히 예측육종법의 기술을 농 업생산 전반에 적용하여 농업 생산, 유통 및 판매에 이르는 디지털 벨류체인의 구축도 가능 해지기 때문에 종자산업 뿐만 아니라 전체 농업 시장에 미치는 영향도 매우 클 것으로 생각된다.

'Seeds Market-Global Forcast to 2025' 보고서는 세계 종자시장 규모가 현재 약 600억 달 러 수준에서 2025년에는 860억 달러로 확대될 것으로 전망하고 있다. 생물학과 정보학의 융복합 기술을 활용한 첨단 디지털 육종 기술은 기존 육종 기술의 한계를 극복하고 글로벌 종자 산업의 혁신과 미래형 산업으로 발전될 것이다. 그러나 융복합 기술을 활용하는 예측육종 기술은 아직 산업에 적용되기는 부족한 부분이 많은 것이 사실이다. 국제 경쟁력을 갖춘 K-종자산업의 발전을 위해서는 장기적인 안목의 육종 연구 프로그램이 필요한 시점이지만 국내 종자관련 국가 과제는 그 규모가 축소되거나 폐지되고 있는 것이 현실이다. 디지털 육종의 산업화를 위해서는 종자산업의 특성을 고려한 장기적인 계획과 함께 단계별로 목표를 달성할 수 있는 국가주도의 사업이 필요하며 이와 함께 민간기업의 생태계를 늘리기 위한 다양한 시도가 요구된다.

바. 국내 동향

1) 강점과 약점[30]

국내 작물육종의 현주소를 SWOT 분석을 통해 살펴보면, 가장 특징적인 것은 세계시장 경쟁은 치열해지고 있으며, 우리나라의 경우 인적 잠재력은 있지만 세계 종자시장 경쟁에 뛰어들 만한 민간기업이 턱없이 부족하고, 산업 발전을 위한 국가적 지원 체계가 미흡하다는 점이다.

	집중요소	보완요소
	강점(Strength)	약점(Weakness)
내부 역량	• 세계적인 전통육종 기술력 보유 • 풍부한 유전자원 및 효율적 관리체계 • 정부의 종자산업 및 농생명산업 R/D 투자 의지 (종자산업진흥센터, 차세대 BG21, GSP) • 종자산업법(품종보호권) 강화 • 국제경쟁력 있는 채소종자기업 보유	• 식량 및 주요작물 세계시장 경쟁력 낮음 • 첨단육종 기반취약 및 사회적 수용성 미흡 • 종자산업 및 농생명산업 기업 규모 영세성 및 품종침해 사례 다발 • 단기 성과 위주의 종자산업 R/D 투자 관리 • 육종 전문인력 양성 미흡
	기회(Opportunity)	위협(Threat)
외부 환경	• UPOV 체제하의 식물품종보호 강화 • FTA/WTO로 자유무역환경 조성 • 타 산업 대비 높은 종자산업 및 식물 분자육종 관련 산업 성장률 • 국가별/지역별 다양한 신품종 요구도 증가	• 선진국과 다국적기업의 첨단화된 분자육종 기술 발전 및 R/D 투자 확대 • 다국적 기업의 세계 종자시장 점유율 상승 • 다국적 기업의 첨단육종 기술 및 소재독점 심화 • 주요 농업국의 종자 산업보호 장벽 강화

[표 37] 우리나라 작물육종에 대한 SWOT 분석

---

30) 우리나라 작물육종 성과와 발전 방안, 고희종, Korean J. Breed. Sci. Special Issue:1-7(2020. 4)

SWOT 분석을 토대로 국내 육종의 발전방향을 모색해보면, 전문인력 양성과 제도 정비, 중견 민간기업 육성, 과감하고 장기적인 연구개발 투자 등이 과제로 요약될 수 있다.

SO전략(우선수행과제)	WO전략(우선보완과제)
• 기존 품종들의 결점을 분자육종 기술로 보완하여 국제 경쟁력 보유 • 스타품종 개발 • 종자산업을 수출주도형 산업으로 집중 육성 • 종자산업 기반기술 발전을 위한 R/D 강화	• 농산물 및 종자 국제경쟁력 향상과 수출을 위한 종자기업의 규모화 • 시장규모가 큰 식량 및 사료작물 육종에 민간 참여 확대 • 품종보호법률 강화하여 시장질서 확립
ST전략(위협해결과제)	WT전략(장기보완과제)
• 세계적인 첨단육종 연구진 및 수출 대상 국과 국제 공동 연구개발 추진 • 주요 작물 첨단 육종 경쟁력 강화 R/D 투자 확대 • 다국적 기업을 인수하거나 또는 틈새 시장 확보	• 장기적 식물분자육종 연구개발 투자와 인프라 구축 및 인력 양성 • 국제 경쟁력 취약 작물의 육종 R/D 집중투자 • 첨단육종기술의 수용과 종자산업 기반기술 확보를 위한 장기적 R/D 투자

[표 38] SWOT 분석에 따른 우리나라 육종의 발전 방향

2) 기술수준[31]

우리나라의 벼와 김장채소를 비롯한 몇 작물의 전통육종기술은 세계수준으로 인정받고 있다.
그러나 첨단 생명공학기술을 기반으로 하는 분자육종 기술 수준은 상당히 미흡한 수준이다.

분자육종기술	중요도[32]	국내 기술수준[33]
분자육종 연구분야	**4.56**	**3.35**
고효율 분자표지 활용에 의한 품종개발	4.50	3.25
복합기능성, 복합재해저항성 동시 집적 기술	4.52	2.96
기능성 및 고품질 조절인자 활용 품종개발	4.34	2.87
분자표지 연구분야	**4.37**	**3.33**
고효율 분자표지 활용체계 구축	4.19	3.19
유전체 정보를 이용한 주요 형질의 선발 기술	4.37	3.04
빅데이터 활용 분자표지 개발 기술	4.07	2.76
유전자 기능 연구분야	**4.49**	**3.48**
생산성 및 기능성 유용 유전자 분리 및 기능검정	4.44	3.43
환경재해 내성 관여 유전자 분리 및 기능검정	4.53	3.26
내병성 관여 유전자 분리 및 기능검정	4.47	3.42
미래육종기술 연구분야	**4.47**	**3.13**
유전자 교정기술	4.29	3.11
후성유전학을 통한 변이 개발기술	3.83	2.55
유전자 재조합 및 반수체 메카니즘 규명	3.86	2.56

[표 39] 분자육종 기술의 중요도 및 우리나라 기술 수준

---

31) 우리나라 작물육종 성과와 발전 방안, 고희종, Korean J. Breed. Sci. Special Issue:1-7(2020. 4)
32) 중요도: 1~5 (최고점)
33) 기술수준: 1~5 (세계최고수준)

05

종자산업 정책 동향

5. 종자산업 정책 동향
가. 중국

중국 종자 산업은 매년 성장세를 이어가고 있다. 재배 원료 산업에서 종자가 차지하는 비중은 14% 이상을 유지하고 있으며, 2025년에는 732억 위안까지 지속적인 성장이 예상되는 산업이다. 또한 농작물, 경제작물, 채소작물, 주요과일 재배면적에서 자체육성종자 활용 비중이 대부분을 차지하고 있어 중국 내 산업기반이 양호하다고 볼 수 있다.

이런 국내외 상황에서 중국 정부는 종자 시장과 산업의 전략적 중요성을 감안해 각종 정책을 통해 집중적인 육성지원을 시행하고 있다. 2020년 이후부터 현재까지 각 부처에서는 정책발표를 통해 종자자원의 국가안보적 중요성 강조, 종자자원의 보호 및 활용을 언급하고 있고 농업의 현대화와 더불어 우량품종 바이오 육종 산업화, 기술연구발전, 산업시스템 구축 등을 통해 글로벌 경쟁력 강화확대를 도모하고 있다. 2020년 12월 중앙경제공작회의에서는, 8개 중점과제에 '종자 및 경작지 문제 해결'이 포함되었고 2021년 7월 개혁위원회에서는 제14차 5개년 계획기간 중 종자산업 육성과 종자자원안보를 국가안보의 전략적 수준으로 격상해야 함을 제안한 바 있다.

종자산업 발전 확대 차원에서 중국은 현재 종자기업의 '종자 육성·번식·보급 일체화'를 지향하는 가운데, 관련 기업은 자체 연구기관 및 실험플랫폼의 정비와 개선을 바탕으로 독자적 혁신능력을 지속적으로 향상시켜야 하는 과제를 갖고 있다. 중국의 기업 육성 방향으로는 기업들이 우량 품종 육성, 번식, 보급 일체화, 생산, 가공, 판매의 산업화 주체로 발전해서 궁극적으로는 강한 육종 능력과 선진적인 생산가공기술, 마케팅 네트워크, 기술 서비스를 보유한 현대 농작물 종자산업 기업으로 자리매김하는데 있다.

현지 종자산업에 대한 협력 추진 시 중국 정부의 종자 산업 육성 정책을 예의주시하여 M&A, 기술이전, 합작 등 방식을 통해 중국에 진출을 고려해야 할 필요가 있으며 신품종 R&D 투자와 기술 현지화 전략을 검토할 필요가 있다. 주요 농작물 종자를 중국에 수출하기 위해서는 반드시 중국 농업부에 심사를 신청해야 하는 점도 사전 참고해야 한다.

아래와 같이 중국 종자산업 주요 정책 동향을 표로 정리해보았다.

<중국 종자산업 주요 정책 동향>

정책/회의	일시	부문	주요 내용
중앙 전면 심화 개혁위원회 제20차 회의	2021년 7월	당중앙위원회	- 《종자산업진흥행동방안(种业振兴行动方案)》 통과 - 농업의 현대화, 종자 기반 발전, 국가 종자산업 육성 및 종자 자원 안보를 국가 안보 관련 전략적수준으로 제고해야 함을 제안
14차 5개년 계획	2021년 3월	국가발전개혁위원회	- 종자 자원의 보호 및 활용 강화, 종자은행 구축으로 종자 자원의 안전성을 확보해야 함을 지적 - 농업의 우량품종 기술 연구 강화, 바이오 육종 산업화 활용 순차적 추진, 국제 경쟁력 갖춘 우량 종자기업 육성 등 포함
중앙경제공작회의	2020년 12월	당중앙위원회	- 2021년 8개 중점과제 중 '종자 및 경작지 문제 해결'이 포함 - 종자 자원의 보호 및 활용 강화, 바이오 육종 산업화 활용 순차적 추진, 종자 자원 기술 연구 발전을 핵심 과제로 설정
전국종자산업 혁신추진회	2020년 12월	농업농촌부	- 14.5 기간 중 종자산업을 농업 과학기술 연구 및 농업·농촌 현대화의 중점 과제로 삼음. - 농업 종자 자원의 보호 및 활용 강화, 중국 종자산업의 독자적 혁신 역량 제고, 국가 현대 종자산업 기반 건설 촉진, 핵심 경쟁력 갖춘 산업 주체 육성, 종자산업 관리감독 역량 향상, 종자산업 시스템 자체 구축 강화 등
《농업종자자원보호 및 활용 강화에 관한 의견 (关于加强农业种质资源保护与利用的意见)》	2020년 2월	국무원판공청	- 전국적으로 총괄, 분업, 협력하는 농업 종자 자원 감정평가체계 구축, 농업 종자 자원 은행 확대, 농업 종자 자원 등록 실시
《2020년 현대 종자산업 발전 추진 핵심 (2020年推进现代种业发展工作要点)》	2020년 2월	농업농촌부	- 종자 자원 보호 강화를 명확히 제시 - 종자산업 기반 구축, 전면 조사 가속화
제19기 중앙위원회 제5차 전체회의	2020년 10월	당중앙위원회	- 14. 5 계획에 농업과학기술 지원 강화, 식량 및 주요 농산물의 효율적 공급 보장, 농업 우량종화 수준 향상 등 중점 과제를 규정
《2020년 종자산업 시장 관리감독 방안 (2020年种业市场监管工作方案)》	2020년 3월	농업농촌부	- 생산기지 규범화, 허가 등록 정보화 추진, 불법 유전자 변형종자 엄정 조사, 종자 품질 엄정 관리, 식물 신품종 권익 보호 강화, 가축 및 누에 품종 품질검사 실시
《2020 중앙 1호 문건 (2020中央一号文件)》	2020년 2월	당중앙위원회	- 대두 및 옥수수 사이짓기 신농업에 대한 지원 확충, 농업 바이오 기술 개발 강화, 종자산업의 독자적 혁신 사업 대대적 실시 - 국가 농업종자 자원보호 및 활용 사업 실시, 난판(南繁) 과학연구 육종기지 건설 추진
《2019 중앙 1호 문건 (2019中央一号文件)》	2019년 2월	당중앙위원회	- 농업 핵심기술 발전가속화, 혁신 발전 강화, 핵심 농업기술 연구활동 실시, 농업 전략과학기술 혁신인재 다수 양성, 바이오 종자산업 중형(重型) 농기계, 스마트농업, 녹색 자재 등 영역에서 독자적 혁신 추진 - 벼, 밀, 옥수수, 대두, 가축 우량품종에 대한 공동연구 지속 시행, 고품질 초종(草种) 선정 및 보급 가속화

[자료: 중상정보망(中商情报网), 소후망(搜狐网)]

나. 일본
1) 신품종 개발자 보호정책

일본 정부는 종자의 무단 국외유출을 방지하기 위해 종묘법을 개정한 바 있으며 일부 지자체는 지재권 관련 정보제공, 종자 특허 취득 지원 등 종자 개발자의 권리보호에 주력하고 있다.

일본의 신품종 보호는 1978년 도입된 품종 등록제에 따라 이루어져왔고, 1982년 식물 신품종 보호 국제연맹에 가입하면서 국제수준의 종자 개발자 보호조치가 마련되었다. 또한 농림수산성은 종자 개발자 권리침해에 관한 상담창구 개설, 홈페이지에 개발자 권리에 대한 정보 제공, 관련 팸플릿 배포 및·설명회 개최 등을 통해 농업 종사자, 유통업자 등을 계도해 왔다.

그러나 많은 신품종 개발자들이 실질적인 권리침해를 입어도 권리회복을 위한 적절한 대응조치를 취하지 못해 신품종 개발자의 권리가 제대로 보호받지 못하고 있다는 지적이 일본 내에서 제기되어 왔다.

이에, 일본 정부는 신품종 개발자의 권리 보호를 위한 종묘법 개정안을 통해 개발자의 허락 없이 종자를 생산, 판매, 수출입할 경우 3년 이하 징역 또는 300만 엔 이하 벌금을 부과토록 되어 있는 과거 조항을 종자로 생산된 농산물까지 규제대상에 포함시키는 등 확대 적용했다. 또한 법인이 종자 개발자의 권리를 침해할 경우에는 벌금을 최대 1억 엔으로 상향 조정했다.

또한 신품종 개발자의 권리 침해 구제를 위해 무단으로 해외 유출된 종자로 생산한 농산물이 수입될 경우 세관에서 저지할 수 있도록 관세 정율법을 개정했으며, 권리를 침해당한 종자 개발자가 침해사실을 입증하는 내용을 세관에 제출하면 세관은 농산물 수입자 및 종자 개발자 양측 주장을 수렴하여 침해여부를 판단한다.

침해 인정 시 수입된 농산물을 세관에서 수입 저지하는 절차로 이루어지며, 세관이 권리침해로 판단할 경우에는 해당 농산물을 수입자가 자의적으로 처리 또는 세관이 파기토록 규정하고 있다.

2) 주요 농작물 종자제도

주요농작물 종자제도는 일본의 기본적인 식량이며, 기간 작물인 주요 농작물(벼, 보리, 밀 및 콩 등)의 우량한 종자 생산 및 보급을 촉진하고, 주요 농작물의 생산성 향상 및 품질 개선을 도모하는 것을 목적으로 하는 제도다.

주요 농작물의 우량한 종자 생산 및 보급을 위해서는 품종 개량 및 선정에서 시작해 최종적으로 종자가 농업인에 인도되기까지 전문적인 지식 및 기술 및 체계적인 관리가 필요하다. 따라서 본 제도는 품종의 우량성의 판별 방법, 우량한 종자의 적정하고 원활한 생산 유통 방법 등에 대해 종자 생산 및 보급에 관계하는 모든 사람에게 주지시켜, 우량한 종자 생산 및 보급이 한층 촉진되도록 하는 것을 목적으로 한다.

또한, 최근의 기술 진보에 따라 국가 및 도도부현, 나아가 이들 이외의 기업 등에 의해 기존보다 주요 농작물의 우량한 종자 생산 및 보급 활동이 활발해지고 있으므로 관련된 사람들이 향후 우량한 종자 생산 및 보급에 골고루 참여할 수 있도록 본 제도의 운용을 꾀하고 있다.

동 법에 의해 도도부현(都道府県) 지사는 장려 품종의 결정에 있어서는 관계 부서, 시험 연구 기관, 지역 농업 개량 보급 센터, 농업인의 조직하는 단체, 민간의 품종 육성 관계자, 농산물의 수요자, 학식 경험자 등을 가지고 구성하는 장려품종심사회(이하 '심사회')를 개최하고 그 의견을 청취하는 것으로 한다.

도도부현 지사는 지정 채종 농원의 지정을 적절하게 행하기 위해 도도부현 종자 계획을 정하고 이를 지방 농정국장(오키나와 현에 있어서는 오키나와 종합 사무국장)을 경유해(홋카이도에 있어서는 직접) 농림수산성에 제출해야 한다.

또한 동법에 따라 도도부현은 우량종자를 보유한 농가를 우량종자 생산농가로 지정하고, 채종 농원에서 우량한 종자의 생산이 이루어지기 위해 필요한 원종 등의 확보를 위해 노력하고 있다.

3) 신육종기술 관련 정책

다부처 혁신증진전략(SIP: Strategic Innovation Promotion) 프로그램을 통해 유전자가위기술 증진 및 이를 이용한 식품 개발과 유전자변형 농산물의 상업화를 위한 연구활성화 정책을 펴고 있다.

일본 농림수산성은 신육종기술 스터디그룹을 통하여 신육종기술의 특징, 현행 GMO 규제 체제에서의 신육종기술의 장점과 연구개발 활성화 전략연구 등에 대한 보고서를 작성하여 신육종기술의 과학적, 법률적, 사회적 고려와 대응 방안을 마련하고 있다.

다. 미국
1) 종자산업 관련 기관 및 교육 서비스

① American Seed Trade Association

1883년 설립되어 미국에서 가장 오래된 무역 기관 중 하나로 회원은 종자 생산 및 유통, 식물 육종과 관련된 사업들을 포함하여 700개의 회사들로 구성되어있다.

ASTA는 1) 국제, 국내 및 주 단계로 규율과 법적인 문제 2) 모든 작물 종류에 부과된 새로운 기술 3) 회원들의 커뮤니케이션과 교육 및 종자 산업이 직면하고 있는 과학과 정치적 문제에 관한 대중의 평가에 중점을 두고 있다.

또한, 현대적 생물기술의 사용, 종자 이슈에 대해 회원들에게 알리기 위한 모임, 종자 연구 프로그램 자금을 제공하고 있다.

② Future Seed Executives (FuSE)

ASTA의 공식적인 하부 위원회로, 종자산업 경험이 7년 이하인 미래의 종자 산업 경영진을 교육시키고 지원하는데 초점을 두고 있다. 프로그램은 종자산업의 일반적인 이해를 개선하고 네트워킹을 촉진시키고 교육을 넓히고 경영 관리 기술에 대한 지역적 기회로 편성되어 있다.

FuSE는 1) 교육적 연합 : 종자산업 비즈니스 및 운영에 대해서 교육시키기 위해 FuSE와 ASTA 회원사를 대상으로 1~2일 정도의 워크숍을 진행 2) 지역 농업비즈니스 및 교육자들은 경험하는 동안 종자 산업에 관한 가치에 대해 넓은 시각을 보유하기 위해 적극적으로 참여함 3) 산업 미팅 프로그램 4) 원탁회의 그룹 (RTDGs)에 중점을 두고 있다.

③ Society of Commercial Seed Technologist

상업용 종자 기술 전문가 협회는 상업적, 독립적 및 정부 종자 기술 전문가를 구성하는 기관으로, 공식 종자 분석 협회(Association of Official Seed Analysts)와 미국 종자거래 협회(American Seed Trade Association) 사이의 연락 사무소로서 설립되었다.

현재는 기술 전문가의 승인, 기술 전문가 교육, 연구, 교육 자료 출간 및 종자 산업에 중요한 자원 제공 등의 활동을 하고 있다.

2) 종자 생산자를 위한 긴급자금대출 프로그램 (7CFR Part 774)

이 부분의 규율은 종자 생산자를 위한 긴급자금대출 프로그램에 따라 생성된 대출의 용어와
조건을 포함한다. 신청자, 대출자 및 이 대출을 청산하는 사람들에게 적용되는 제도로, 농업
생명공학(AgriBiotech)의 파산 신청에 대해 불리하게 영향을 받은 특정 종자 생산자에게 도움
을 주기 위한 것이다.

① 자격 요건 사항
대출 신청자는 다음과 같은 요구사항에 적합하여야 한다.

자격 요건 사항
• 대출 신청자는 종자 생산자이어야 함
• 개인 혹은 기업체 대출 신청자는 농업생명공학을 포함하는 Chapter XI 파산 처리 과정의 요청(claim)에 대한 증거를 제출해야하고 요청은 미국에서 종자를 재배한 계약서가 될 수 있음
• 대출 신청자는 미국 시민자 혹은 미국에서 이민 및 국영화 법률(Immigration and Nationalization Act)에 따라 합법적으로 영주권을 허가받은 외국인이어야 함
• 대출 신청자 및 약속어음을 신청할 사람은 공채 증명서를 포함한 계약서에 관한 법정 자본을 소유하고 있어야함
• 대출 신청자는 과거와 현재의 기관에 대한 거짓된 진술을 제공해서는 안 됨

[표 40] 긴급자금대출 프로그램 자격 요건 사항

② 대출 신청 정보

긴급자금대출 신청 정보
• 기관 신청서 작성
• 농업생명공학 파산 절차에 대한 파산 신고서 증명
• 만약 신청자가 사업체이면 기업에 대한 주(State)의 기록 및 기관을 증명하는 모든 합법적 서류
• 7CFR Part 1940, subpart G에 속하는 기관의 환경적 규율에 준수하는 서류
• 신청자의 재정증명서
• 기관이 대출 신청자의 자격이 주어질 수 있다는 어떠한 추가 정보 자료

3) 신육종기술 관련 정책[34]

국립과학아카데미(NAS)는 2016년 유전공학 작물의 기술 현황을 종합한 보고서를 내어 유전자가위기술이 유전공학의 정밀도를 높여 GMO를 넘어서는 유망한 기술로 떠오르고 있다고 평가했다.

2016년 5월 미국 농무부(USDA)는 유전자가위기술을 이용해서 만든 변색 예방 양송이버섯을 GMO 규제 대상에서 제외시켰으며, 또한 듀폰 파이오니아에서 유전자가위기술을 이용해 만든 찰옥수수도 GMO 규제 대상에서 제외한다고 발표했다.

미국 농무부에 속한 유기농 분야 자문위원회는 2016년 11월 유기농법을 지켜 생산했더라도 유전자가위 작물이라면 '유기농'이란 표시를 해선 안 된다는 권고안을 내놓았다. USDA-APHIS는 2011년부터 'Am I Regulated' 제도를 운영하여 33건의 온라인 서비스를 진행하였으며, 아그로박테리움 매개에 의해 신규 유전자가 도입된 LMO는 규제 대상이지만, 유전자가위가 적용된 후대 분리종에서 도입유전자가 없는 개체는 규제 대상에서 제외되었다.

미국 농무부는 2018년 3월 유전자가위기술을 포함한 신육종기술로 개발된 식물에 대하여 식물해충을 이용하여 개발된 경우가 아니라면 규제할 계획이 없다고 발표했다. 미국 의회조사국은 CRISPR/Cas9 기술개발 현황과 정책적 이슈를 담은 보고서를 발표하고 에너지, 생태계 보전, 의료 등의 분야에서 혁신적인 변화를 가져올 것으로 전망했다.

보건 및 의료 서비스 부문에서 CRISPR/Cas9 기술은 당뇨, 말라리아, 항생제 내성 등의 부문에 획기적인 해결책을 제공해 줄 것으로 전망되나, 유전자 조작의 결과가 세대를 걸쳐 발현할 수 있다는 점에서 어떻게 작용할지에 대한 논의가 이루어지고 있다.

산업바이오 부문에서 박테리아, 균류, 효모 등의 유전자 조작을 통한 화학제품의 생산, 생태계 관리 및 보전 측면에서 유전자 조작을 통해 생태계의 다양성을 확보할 수 있으나, 생태계에 미칠 영향 예측이 어려운 점이 주요 이슈로 다루어지고 있다.

기초연구로서 유전자 조작은 질병과 치료제 개발에 중요한 정보를 제공할 수 있으나, 유전자 조작의 결과 생성되는 생물학적 물질과 제품이 가진 파괴력은 잠재적으로 국가 안보를 위협할 수도 있음을 강조했다.

---

34) 신육종기술(NPBTs), KISTEP 기술동향브리프, 2018

라. EU

1) 신육종기술 관련 정책[35]

EU에서는 신육종기술 발표('11.11)를 전후하여 다양한 학술잡지에 신육종기술에 관한 연구자의 의견과 사고방식이 표명되었고, 이와 같은 국제적 논의의 영향으로 미국을 비롯한 주요국에서 신육종기술에 관한 논의가 확산되고 있다.

국제 사회에서는 유전자가위기술을 비롯한 신육종기술로 개발된 작물에 대한 규제 및 허가 방법에 대한 논의가 진행되고 있다. 또한, 유전자가위기술을 활용한 품종 개량이 잇따르면서 미국과 유럽에서 새로운 유전공학 품종을 어떻게 다뤄야 할지에 관한 논의가 진행되고 있다.

EU는 회원국들의 요청에 따라 생명공학기술의 발달을 고려하여 새로운 식물육종 기술을 GMO 규제 범주에 포함시킬지 여부를 평가하는 작업반을 2007년에 구성하여 지속적으로 논의하고 있다.

유럽연합위원회는 현행 EU의 GMO 규정에 명시된 GMO의 정의에 신육종기술의 해당 여부를 검토하고 있으며, 유럽 각국은 EU의 최종 결정을 기다리고 있다. EU는 2011년부터 유전자가위기술을 적용한 농축산물에 대한 규제를 논의하였고, 조만간 그 규제에 대한 결론이 내려질 것으로 예상된다.

최근 유럽사법재판소(European Court of Justice)는 유전자가위기술 등 새로운 돌연변이 유발기술을 통해 얻어진 생물체는 GMO 규제에 적용 받을 필요가 없다는 의견을 제시했다.

---

35) 신육종기술(NPBTs), KISTEP 기술동향브리프, 2018

마. 한국

 농식품부는 2027년까지 국내 시장 1.2조, 종자 수출액 1.2억 불로 확대하기 위한 종자산업 5대 전략을 제시했다. 농림축산식품부(장관 정황근, 이하 농식품부)는 종자산업 기술혁신으로 고부가 종자산업 육성을 위한 「제3차(2023~2027) 종자산업 육성 종합계획」을 발표하면서 향후 5년간 1조 9,410억 원을 투자할 계획이라고 밝혔다.[36]

제3차 종자산업 육성 전략 및 주요 과제

디지털육종 등 신육종 기술 상용화	① 작물별 디지털육종 기술 개발 및 상용화 ② 신육종 기반 기술 및 육종 소재 개발
경쟁력 있는 핵심 종자 개발 집중	① 글로벌시장 겨냥 10대 종자 개발 강화 ② 국내 수요 맞춤형 우량종자 개발
3대 핵심인프라 구축 강화	① (인력) 육종-디지털 융합 전문인력 양성 ② (데이터) 육종데이터 공공·민간 활용성 강화 ③ (거점) K-Seed Valley 구축 및 국내 채종 확대
기업 성장·발전에 맞춘 정책지원	① R&D 방식 「관주도 → 기업주도」 개편 ② 기업수요에 맞춘 장비·서비스 제공 ③ 제도개선 및 거버넌스 개편
식량종자 공급개선 및 육묘산업 육성	① 식량안보용 종자 생산·보급체계 개선 ② 식량종자·무병묘 민간 시장 활성화 ③ 육묘업을 신성장 산업화

그림 40 미래 식량주권 지킨다 / 한국농어민신문

<종자 주권을 확보하기 위해 종자산업 육성의 필요성이 높은 상황>
 종자산업 육성 종합계획은 「종자산업법」에 따른 법정 계획으로 5년마다 종자산업의 지원 방향 및 목표 등을 설정하기 위해 수립하고 있다. 하나의 종자를 키워 농산물로 시장 가치를 가질 때 수백, 수천배의 부가가치를 창출하는 고부가가치 산업인 종자산업은 기후변화, 곡물가 상승 등으로 중요성이 더욱 높아지고 있는 실정이다. 현재 세계 종자시장 규모는 2020년 449억불 수준인데 반해 국내 종자 시장 규모는 세계 종자 시장의 약 1.4% 수준에 불과한 수준이다.

 전 세계 다국적 기업은 생명공학(BT), 인공지능(AI) 기술을 이용하여 새로운 품종을 개발·공

---

36) 2027년까지 국내 시장 1.2조, 종자 수출액 1.2억 불로 확대 / 농기자재신문

급하고 있어 우리도 세계적인 추세에 따라가면서 우리 종자를 스스로 개발하여 종자 주권을 확보하기 위해 종자산업 육성의 필요성이 높은 상황이다. 농식품부에 따르면 이번 종합계획은 국내 종자시장과 해외 종자시장 현황, 해외 주요 국가의 종자 정책동향, 해외 주요 종자 기업의 종자 개발 기술 동향 등을 분석하여 종자 '산업' 육성의 관점에서 발전 방향을 제시하고 실천 수단을 마련하는 데 중점을 두었다는 설명이다.

<디지털육종 등 신육종 기술 상용화 7,000억 규모의 종자산업 혁신기술 연구개발 계획>

세계적인 육종 추세는 작물을 직접 재배하여 종자를 개발하는 전통육종에서 종자에서 확인한 일부 주요 유전자의 특성을 이용한 분자 육종을 넘어 전체 유전자의 특성을 파악하고 여러 유전자간 연관 분석을 통해 육종 예측 모델을 만들어 육종 선발을 극대화하는 디지털 육종으로 전환 중이다. 디지털 육종은 전통육종과 비교하여 육종 기간을 7~10년에서 3~5년으로 단축하고, 육종 성공률을 10%에서 50%로 획기적으로 제고하며, 맛, 형태, 크기, 성분, 생산성, 병저항성 등 여러 형질을 모두 포함하는 신품종 개발이 가능한 장점이 있다.

정부는 세계적 추세에 맞춰 2012~2021년간 진행된 골든시드프로젝트(4,911억 원) 후속으로 디지털 육종 상용화를 위한 종자산업 혁신기술 연구개발(2025~2034, 7,000억 원)를 계획하고 2023년 하반기에 예비타당성조사를 신청할 계획이라고 밝혔다.

<경쟁력 있는 핵심종자 개발 집중>

협소한 국내 채소 종자를 넘어 세계 종자 시장의 70% 이상을 차지하는 옥수수, 콩을 포함한 밀, 감자, 벼 등 식량작물과 향후 높은 시장 성장이 예상되는 지능형농장(스마트팜), 수직농장 등에 특화된 종자(상추 등 엽채류와 딸기, 토마토, 파프리카 등 과채류) 개발을 강화할 계획이다. 또한 국내용 종자 중 식량은 기후변화, 기계화 전환에 대응한 밀, 콩 품종과 쌀 적정 공급을 위한 가루쌀 품종, 채소·과수는 1인용 소형 양배추 등 소비자 기호 변화에 대응하는 품종, 화훼는 로열티를 절감할 수 있는 품목을 집중적으로 육성한다.

<3대 핵심 기반(인프라) 구축 강화>

우선 디지털 육종 등을 위한 데이터 전문인력을 양성하고, 기업 육종과 데이터 간 연계를 강화하기 위한 프로그램 지원 등을 통해 필수 인력을 확보하며, 향후 종자산업 일자리 창출에도 기여한다는 계획이다. 또한 정부가 보유한 표현체 연구동(식물의 잎, 모양, 크기, 색깔 등 외부로 표현되는 특징을 유전체 정보와 연계하는데 필요한 시설)을 개방하여 민간업체에서 다양한 종자의 유전체 정보 등을 수집·분석할 수 있게 지원한다. 농촌진흥청, 과학기술정보통신부 등이 보유한 국내 공공 데이터와 해외 공공 데이터, 민간기업의 자사 보유 데이터를 활용하여 정확하고 빠르게 종자를 개발할 수 있는 자체(프라이빗) 데이터 플랫폼을 종자산업진흥센터에 2024년 구축을 완료하는 등 민·관협력을 강화한다.

네덜란드의 종자 단지(Seed Valley)와 같은 종자산업 혁신클러스터 구축 종자업체의 연관된 집적 효과를 높이고 연구개발(R&D) 시설, 연구기업 등이 집적된 종자산업 혁신클러스터 (K-seed valley, 2023년 타당성 연구용역)를 신성장 4.0 전략의 일환으로 구축하여 종자업체의 연관된 집적 효과를 높이고 지역 균형발전에도 기여할 계획이다.

<기업 성장·발전에 맞춘 정책지원>
 정부 주도 연구개발(R&D)에서 과제 기획부터 기업의 적극적인 참여 유도 및 기업의 자부담 비율 상향으로 책임감을 제고하는 기업 주도 연구개발(R&D)로 개편하고, 정부가 보유한 유전자원을 개방하여 민간기업이 직접 병저항성 정도 등을 평가할 수 있도록 지원할 계획이다. 이를 통해 정부는 원천기술 개발 전수에 집중하고, 기업이 종자 품종을 개발하는 역할 분담으로 종자산업 발전을 이끌어 나갈 예정이다. 또한 기업이 공동으로 활용할 수 있는 종자가공센터를 구축(1개소, 2023~2026, 김제)하여 종자에 영양제, 발아촉진제 등의 코팅처리를 통한 종자 부가가치 상승에 기여할 계획이며 농가와 업체 간 발생하는 발아 불량 등 분쟁을 신속하게 해결하기 위해 분쟁 해결 전담팀을 신설하는 등 국립종자원의 분쟁조정협의회의 역할을 강화한다.

<식량종자공급 및 육묘산업 육성>
 식량종자 민간시장 활성화를 위해 국립종자원이 보유한 정선시설을 민간이 저렴하게 이용할 수 있게 하여, 민간기업이 많은 금액이 필요한 정선시설을 직접 보유하지 않아도 식량종자 시장 진입을 쉽게 유도하고, 과수 무병묘 공급을 확대하여 바이러스로 인한 과수 농가의 피해를 예방할 계획이다. 또한 육묘업을 신성장 산업으로 육성하기 위해 주요 채소 작물의 육묘에 적합한 환경데이터 구축, 제공 및 육묘기반 구축을 위한 시설장비 등 지원(연 10개소 내외, 개소당 2~30억 원)하고, 불법·불량 종자 유통에 의한 농업인 피해 예방 및 묘 품질표시제도 정착을 위해 종자 유통관리도 강화한다.

<신육종기술 관련 정책>[37]
 국무조정실 규제혁신기관실에서 유전자가위기술 유래 동식물의 LMO 해당 여부에 대한 가이드라인을 마련하기 위해 2016년 3월 신산업투자위원회를 발족하고 소속 바이오헬스 분과위원회를 통해 규제개선 정책을 마련하고 있다.

 한국은 유전자가위를 이용한 생명체에 어떠한 기준을 적용해야 하는지에 대한 기준이 확립되지 않았기 때문에, 머지않은 미래에 유전자가위를 이용한 농축산물이 증가할 것이기 때문에 글로벌 수준의 합의점을 찾을 수 있는 가이드라인을 확립하는 것이 필요하다.

 「정부연구개발투자 방향 및 기준」에서 농림수산식품 분야의 투자방향으로 유전자 가위기술 등 첨단 육종기술에 중점을 두어 기후적응형, 수요맞춤형 종자개발에 관한 내용을 포함하고 있으며, 현재 과학기술정통부, 농촌진흥청 중심으로 작물 육종에 유전자가위기술을 접목하는 기초·응용연구를 수행하고 있다.

---

37) 신육종기술(NPBTs), KISTEP 기술동향브리프, 2018

06

종자산업 특허 동향

6. 종자산업 특허 동향

식물 신품종보호법에 의거하여 품종보호 대상 작물은 농업용, 산림용, 해조류로 구분하여, 농업용은 일반적으로 국립종자원, 산림용은 국립산림품종관리센터 그리고 해조류는 수산식물품종관리센터에서 각각 품종보호 출원을 담당하고 있다. 국립종자원의 품종보호 출원 및 등록 현황은 2018년 12월 31일 기준 아래 표와 같은 결과를 표 32에 나타내었다

구분	합계		~ 2013		2014		2015		2016		2017		2018	
	출원	등록	출원	등록	출원	등록	출원	등록	출원	등록	출원	등록	출원	등록
식량작물	1,313	1,090	963	765	62	67	80	66	61	56	85	66	62	70
채소류	2,351	1,488	1,374	763	157	159	196	148	204	128	218	146	202	144
과수류	795	445	468	258	55	18	45	59	60	34	89	29	78	47
화훼류	5,397	4,050	3,679	2,689	336	231	336	222	407	292	288	296	277	250
특용작물	393	275	269	150	33	28	20	18	28	43	24	18	21	18
사료작물	69	42	45	18	3	8	3	6	11	5	5	5	2	-
버섯류	255	157	157	78	23	14	18	7	25	33	18	19	14	6
산림조경수	34	18	21	6	4	5	6	3	1	1	2	3	-	-
수산식물	27	10	10	-	2	-	4	5	6	4	2	1	3	-
산림기타	2	2	2	-	-	2	-	-	-	-	-	-	-	-
합계	10,724	7,644	7,051	4,784	661	505	798	652	704	588	745	541	765	574

표 42 2018년 12월 식물 신품종 보호 출원 및 등록현황

2008년부터 2014년 5월까지 종자에 관한 국내 특허 출원 및 등록 현황은 아래와 같으며, 출원 건수는 2010년 207건 최대치를 기준으로 다소 정체기에 있는 것으로 보인다. 등록 건수는 과거 출원 증가에 비례하여 최근까지 지속적으로 증가하는 경향성을 보이고 있다

구분	2008	2009	2010	2011	2012	2013	2014	총 합계
출원 건수	93	156	207	170	169	27	1	823
등록 건수	31	12	14	44	122	183	73	479

표 43 2008년에서 2014년 한국 특허 출원 및 등록 동향

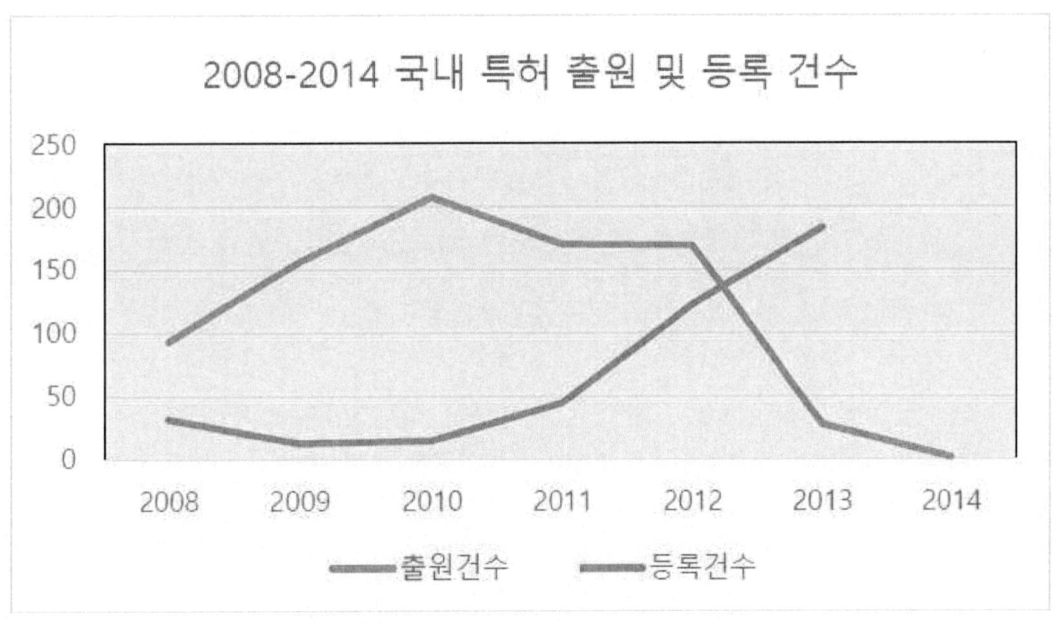

그림 42 2008년에서 2014년 한국특허 출원 및 등록 동향

특허명	배추 뿌리혹병 저항성 연관 분자표지 및 이의 용도		
출원국가	한국	출원인	농업회사법인 주식회사 농우바이오
출원번호	1020080127167	등록번호	1010952200000
출원일	2008.12.15	등록일	2011.12.09

기술개요

본 발명은 배추 뿌리혹병 저항성 연관 분자표지를 선발표지로 이용한 저항성 F1 품종 육성 방법 및 이를 이용하여 육성한 배추과 작물의 뿌리혹병 저항성 식물체에 관한 것이다.

개발배경

- 뿌리혹병은 변이가 심하여 포장에서 발병 정도를 보고 저항성을 검정할 경우 선발기준이 명확하지 않고 세대진전에 많은 시간을 소요하게 되므로 보통 저항성 품종 육성 기간이 10년 이상 소요되는 것이 보통이다. 그러나 많은 시간과 경비를 들여 육성한 저항성 품종의 저항성이 안정적으로 유지되는 경우는 그리 많지 않아 병원균의 변이나 지역에 따라 저항성이 붕괴되는 현상이 자주 발생한다.

기술 세부내용

- 새로운 뿌리혹병 저항성 유전자에 연관된 분자표지를 선발하는 단계에서, 배추과 작물의 뿌리혹병 저항성을 보이는 'ECD4' 유래 계통과 이병성을 보이는 일반 육성계통을 교배하여 얻은 F1 식물체를 자가 수정하여 F2를 육성하고, 분리집단 F2에서 완전한 저항으로 나온 15개체, 완전한 이병으로 나온 15개체의 DNA를 각각 풀링(pooling)한 후, DNA지문(fingerprinting) 방법을 응용한 일괄분리분석(bulked segregant analysis, BSA) 기술을 이용하여 뿌리혹병 저항성과 연관된 분자표지를 탐색한다.
- 다수의 개체 분석 시 재현성과 신뢰도가 높은 SCAR(Sequence Characterized Amplified Region) 표지 혹은 CAPS (Cleaved Amplified Polymorphic Sequence) 표지로 변환하는 단계에서, DNA 워킹(DNA Walking) 방법을 이용하여 상기 SCAR 표지 혹은 CAPS 표지를 개발하여 이를 활용한 선발의 유용성을 검정하였음.

기술의 효과

- 배추과 작물의 뿌리혹병 저항성에 연관된 유전자 단편을 분리하고, 뿌리혹병 저항성 검출용 분자표지를 개발

응용분야

- 새로운 배추 품종 개발

특허명	캘러스 유도를 이용한 고추 형질전환체의 대량 생산 방법		
출원국가	한국	출원인	농업회사법인 주식회사 농우바이오
출원번호	1020040016722	등록번호	1005224370000
출원일	2004.03.12	등록일	2005.10.11

기술개요

캘러스 유도를 이용한 고추 형질전환체의 대량 생산 방법

개발배경

- 고추를 생명공학적으로 이용하기 위한 첫 관문은 형질전환을 하는 것이다. 그러나, 고추는 형질전환이 매우 어려운 작물로 알려져 있다.
- 고추 형질전환체를 고효율로 대량 생산하기 위하여 연구를 거듭하던 중, 고추의 외식체를 캘러스 유도 배지에서 전 배양한 후 아그로박테리움과 공동 배양하여 재분화를 유도하는 방법을 개발함으로써 본 발명을 완성하였다.

기술 세부내용

- 본 발명의 방법은 크게 (a) 고추 외식체의 전 배양; (b) 형질전환(아그로박테리움과 공동 배양); (c) 캘러스 선발; 및 (d)신초 형성이라는 일련의 과정을 포함한다. 이외 뿌리 형성 및 토양 순화 과정을 추가로 더 포함할 수 있다.
- 특히 본 발명의 방법은 고추 외식체를 캘러스 유도 배지에서 전 배양한 후 형질전환하여 캘러스를 인위적으로 형성시키고, 상기 캘러스로 부터 식물체의 재분화를 유도한다는 점에 특징이 있다.

기술의 효과

- 형질전환 효율이 매우 높을 뿐 아니라 계통-비특이적으로 고추를 형질전환할 수 있다.

응용분야

- 고추의 형질전환체 제조

특허명	세포질 웅성 불임성을 가지는 NWB-CMS 양채류 식물체 및 이의 용도		
출원국가	한국	출원인	농업회사법인 주식회사 농우바이오
출원번호	1020120028632	등록번호	1013192650000
출원일	2012.03.21	등록일	2013.10.11

기술개요

세포질 웅성 불임성을 가지는 NWB-CMS 양채류 식물체 및 이의 용도

개발배경

- 세포질 요인에 의해 미토콘드리아가 정상적인 기능을 수행하지 못해서 비정상적인 생식기능이 생성되는데 CMS는 모계유전(maternal inheritance)으로, 웅성불임계의 유지가 매우 쉽고, 잎, 줄기 등 영양기관을 이용하는 작물에 적용하기가 매우 편리하다.
- 웅성불임 현상을 이용하여 종자의 채종과 생산체계를 확립하는 것이 CMS를 이용하는 가장 큰 목적이며 이런 특성을 가진 계통을 많이 만들어 내는 것이 육종가들의 꿈이다.

기술 세부내용

- 본 발명에 따른 NWB-CMS 양배추 식물체는 당업계에 공지된 일반적인 조직배양방법으로 무성번식될 수 있다. 예컨대, 배추, 양배추 등의 십자화과 식물의 조직배양에 용이한 기관발생에 의한 미세증식법(형성된 기관이 없는 잎, 잎자루, 줄기 마디, 자엽, 자엽축 등의 조직을 배양하여 새로운 눈을 상기 조직의 표면에 유도해 내는 방법) 또는 캘러스 유도를 통한 재분화 방법 등으로 무성번식될 수 있다. 구체적으로, 본 발명에서는 계통의 종자를 1/2MS 배지에 치상하여 배양한 후, 4일째 약간의 엽병을 포함하는 자엽을 떼어내고 이를 MS배지에서 분화시켜 캘러스를 유도하였다. 이후, 상기 캘러스로부터 신초를 유도하고, 신초가 형성된 캘러스를 뿌리 유도 배지로 옮겨 발근을 유도하였다. 이후, 토양순화와 재분화 과정을 거쳐 완전한 식물체로 성장시켰다.

기술의 효과

- 한국 고유의 NWB-CMS를 이용한 저비용, 고순도의 우수 F1 종자 생산이 가능하다.

응용분야

- 세포질 웅성 불임성을 가지는 NWB-CMS 양채류 식물체 생성

특허명	메론 및 참외에서 유용한 흰가루병 저항성 연관 SCAR마커 및 이를 이용한 저항성 참외 품종 선발방법		
출원국가	한국	출원인	농업회사법인 주식회사 농우바이오
출원번호	1020070075640	등록번호	1009197530000
출원일	2007.07.27	등록일	2009.09.23

기술개요

메론의 흰가루병 저항성과 연관된 유전자 단편 및 상기 유전자 단편의 염기서열을 이용하여 메론 또는 참외의 흰가루병 저항성을 선발하는 SCAR 분자표지 제공

개발배경

- 메론 재배에 있어, 가장 큰 병해의 하나가 흰가루병이다. 메론 흰가루병(powdery mildew)의 병원균은 스파이로테카 풀리지니아(Sphaerotheca fuliginea)이며, 자낭각 형태로 월동하며 포자는 바람이나 곤충에 의해 전염되므로 효과적인 방제가 어렵고, 일단 발병하면 20~40% 이상의 생산량 저하를 초래한다.
- 메론의 흰가루병 저항성 품종을 육성하기 위해서는 저항성 검정 방법이 확립되어야 하지만, 진정활물기생균으로 증식하는 이 병원균은 발병조건이 까다롭고, 발병시키기 위해서는 포장의 자연환경 조건하에서 발병을 유도해야 하므로 실질적으로 저항성 품종을 육성하기 위해서는 막대한 노력과 시간이 소요된다.

기술 세부내용

- 먼저 흰가루병 병원균에 대해서 저항성을 보이는 계통과 이병성을 보이는 계통을 교배하여 얻은 F1을 자가수정하여 분리집단 F2를 육성하였다. 이들 양친계통과 F1, F2 집단에서 흰가루병 저항성을 검정하였다. 양친과 F1, F2식물체를 정식한 후, 비닐하우스 포장의 자연환경에서 흰가루병을 발병시켰고, 한 달 후 발병 정도를 다섯 단계로 나누어 검정하였다. 그 결과, 발병지수를 통해 얻은 비율이 1:2:1의 비율에 가까워 메론 흰가루병 저항성 형질은 불완전우성 효과를 가지는 하나의 주동유전자에 의해 조절되는 것으로 추정할 수 있다.

기술의 효과

- 메론의 흰가루병 저항성과 연관된 유전자 단편 및 상기 유전자 단편의 염기서열을 이용하여 메론 또는 참외의 흰가루병 저항성을 선발하는 SCAR 분자표지 제공

응용분야

- 흰가루병 저항성 선발

특허명	새로운 유전자형의 CMS 무 계통의 식물체, 이를 이용하여 잡종 종자를 생산하는 방법 및 상기NWB-CMS 무 계통의 식물체 선발용 DNA 표지 인자		
출원국가	한국	출원인	농업회사법인 주식회사 농우바이오
출원번호	1020020061649	등록번호	1003993330000
출원일	2002.10.10	등록일	2003.09.15

기술개요

새로운 CMS 무 계통인 NWB-CMS 무 계통의 식물체, 이를 이용하여 잡종 종자 생산

개발배경

- 웅성 불임성(male sterility)은 화분, 꽃밥, 수술 등의 웅성 기관에 이상이 생겨 불임이 생기는 현상이다. 웅성 불임성에는 유전적 원인에 의한 것과 환경의 영향에 의한 것이 있는데, 웅성 기관 중 화분의 불임으로 일어나는 경우가 가장 많다.
- CMS는 모계유전(maternal inheritance)으로, 어느 가임계를 교배해도 100% 불임주가 나오기 때문에, 웅성 불임계의 유지가 매우 쉽고, 잎, 줄기 등 영양기관을 이용하는 작물에 적용하기가 매우 편리하다.

기술 세부내용

- 운 유전자형의 CMS를 갖는 무 계통을 개발하기 위하여, 중국 길림성 지역의 야생 청피무 약 100여종을 대상으로 하여 CMS 특성을 보유하고 있는 무를 선발하였다. 야생 청피무를 교배모본으로 하여 웅성가임 개체와 교배를 실시하였다.
- CMS의 확인은 상기 야생 청피무를 웅성가임 계통과 교배하여 생 산된 F1 개체를 다시 웅성가임 계통과 여교배를 실시하여 F2 개체를 생산한 후, 생산된 F2 개체의 화분 생성 유무를 조사함으로써 수행하였다.
- 이 때 F2 개체에서 웅성가임과 웅성불임이 모두 나오게 되면 교배모본의 웅성 불임성은 핵 내 인자와 세포질 인자 모두에 의해 야기된 것이고, 웅성 불임개체만이 나오게 되면 이는 순수한 세포질 인자에 의해 웅성불임성이 야기된 것이다.

기술의 효과

- 새로운 CMS 무 계통인 NWB-CMS 무 계통의 식물체, 이를 이용하여 잡종 종자를 생 산하는 방법 및 NWB-CMS 무 계통의 식물체 선발용 DNA 표지인자를 제공한다.

응용분야

- 식물체 선발용 DNA 표지인자

특허명	SOC1 유전자를 교정하여 만추성 형질을 가지는 유전체 교정 배추 식물체의 제조방법 및 그에 따른 식물체		
출원국가	한국	**출원인**	농업회사법인 주식회사 농우바이오
출원번호	1020180153757	**등록번호**	1021135000000
출원일	2018.12.03	**등록일**	2020.05.15

기술개요

유전체 교정 배추 식물체의 제조방법

개발배경

- 배추는 번식을 위해 씨앗이 물을 흡수하면서부터 저온에 감응한 후 꽃봉오리를 형성하는 종자춘화형(seed vernalization type) 작물로서, 품종에 따라 평균기온 13℃ 이하에서 7~10일 정도 경과하면 생장점이 화아(flower bud)를 형성하게 되며, 그 후 온도가 높아지거나 낮 길이가 길어지면 추대장이 급속히 길어지고 꽃이피게 된다.
- 이러한 현상은 배추의 고유 생태특성이므로 생리장애라고 할 수 없으나, 화아분화가 되면 영양생장은 거의 멈추게 되고 생식생장으로 전환되어 고온장일에 의해 꽃이 피고 종자를 맺게 되므로, 경엽이용 목적의 재배적 측면에서는 불리하게 작용한다 .

기술 세부내용

- 본 발명은 배추 유래 SOC1(Supperssor of overexpression of constans 1) 유전자 중 서열번호 1의 염기서열로 이루어진 표적 DNA에 특이적인 가이드 RNA(guide RNA)를 암호화하는 DNA 및 엔도뉴클레아제(endonuclease) 단백질을 암호화하는 핵산 서열을 포함하는 재조합 벡터를 식물세포에 도입하여 유전체를 교정하는 단계; 및 상기 유전체가 교정된 식물세포로부터 식물을 재분화하는 단계를 포함하는, 추대가 지연된 형질을 가지는 유전체 교정 배추 식물체의 제조방법을 제공한다.

기술의 효과

- 유전체 교정 식물체의 제조방법은 외부 유전자가 삽입되어 있지 않고 자연적 변이와 구별할 수 없는 작은 변이만 가지고 있어, 안전성과 환경 유해성 여부를 평가하기 위해 막대한 비용과 시간이 소모되는 GMO 작물과 달리 비용과 시간을 절약할 수 있을 것이다.

응용분야

- 식물체 제조

특허명	CMV 병원형 감염에 내성인 형질전환 고추		
출원국가	한국	출원인	농업회사법인 주식회사 농우바이오
출원번호	1020060100689	등록번호	1008047660000
출원일	2006.10.17	등록일	2008.02.12

기술개요

CMVP0-CP 유전자가 도입되어 다양한 CMV 병원형에 복합 내성을 갖는 형질전환 고추 제공

개발배경

- 고추는 전 세계의 채소재배 면적 중 7위에 달하며 지구상의 인구 약 50억 명이 식품, 염료, 의약품 등 여러 가지 형태로 이용하고 있는 매우 중요한 채소 작물이다.
- 고추의 CMV(cucumber mosaic virus)는 한국뿐만 아니라 중국을 포함하여 세계적으로 농가의 고추 수확에 많은 피해를 주는 바이러스이다.
- Ca-P1-CMV은 국내 고추 품종을 모두 감염시키는 무서운 바이러스로서 고추 농가에 많은 피해를 주고 있기 때문에 새로운 품종개발이 절실한 상황이다.

기술 세부내용

- 본 발명의 형질전환 고추는 고추의 외식체(explant)를 캘러스 유도 배지에 치상하여 전 배양하는 단계; 상기 전 배양한 외식체를 CMVP0-CP 유전자가 도입된 아그로박테리움과 공동 배양하는 단계; 상기 공동 배양한 외식체를 선별 배지에서 배양하여 형성된 캘러스를 선발하는 단계; 상기 캘러스를 절단하고 이를 신초 유도 배지에서 배양하여 신초를 형성시키는 단계; 상기 신초를 뿌리 유도 배지에서 배양하여 뿌리를 형성시키는 단계 및 상기 뿌리가 형성된 식물체를 순화시키는 단계를 포함하여 육성되어 CMVP0 및 Ca-P1-CMV 감염에 복합 내성을 갖는 것을 특징으로 한다.

기술의 효과

- CMVP0-CP 유전자가 도입되어 다양한 CMV 병원형에 복합 내성을 갖는 형질전환 고추를 제공

응용분야

- 형질전환 고추 개발

<table>
<tr><td rowspan="1">특허명</td><td colspan="3">FT 유전자를 교정하여 만추성 형질을 가지는 유전체 교정배추 식물체의 제조방법 및 그에 따른 식물체</td></tr>
<tr><td>출원국가</td><td>한국</td><td>출원인</td><td>농업회사법인 주식회사 농우바이오</td></tr>
<tr><td>출원번호</td><td>1020180153751</td><td>등록번호</td><td>-</td></tr>
<tr><td>출원일</td><td>2018.12.03</td><td>등록일</td><td>-</td></tr>
</table>

기술개요

FT 유전자를 교정하여 만추성 형질을 가지는 유전체 교정 배추 식물체의 제조방법 및 그에 따른 식물체

개발배경

- 배추는 번식을 위해 씨앗이 물을 흡수하면서부터 저온에 감응한 후 꽃봉오리를 형성하는 종자춘화형(seed vernalization type) 작물로서, 품종에 따라 평균기온 13℃ 이하에서 7~10일 정도 경과하면 생장점이 화아(flower bud)를 형성하게 되며, 그 후 온도가 높아지거나 낮 길이가 길어지면 추대장이 급속히 길어지고 꽃이 피게 된다.
- 화아분화가 되면 영양생장은 거의 멈추게 되고 생식생장으로 전환되어 고온장일에 의해 꽃이 피고 종자를 맺게 되므로, 경엽이용 목적의 재배적 측면에서는 불리하게 작용한다.

기술 세부내용

- 상기 과제를 해결하기 위해, 본 발명은 배추 유래 FT(Flowering locus T) 유전자 중 서열번호 1의 염기서열로 이루어진 표적 DNA에 특이적인 가이드 RNA(guide RNA)를 암호화하는 DNA 및 엔도뉴클레아제(endonuclease) 단백질을 암호화하는 핵산 서열을 포함하는 재조합 벡터를 식물세포에 도입하여 유전체를 교정하는 단계; 및 상기유전체가 교정된 식물세포로부터 식물을 재분화하는 단계를 포함하는, 추대가 지연된 형질을 가지는 유전체 교정 배추 식물체의 제조방법을 제공한다.

기술의 효과

- 본 발명의 유전체 교정 식물체의 제조방법은 외부 유전자가 삽입되어 있지 않고 자연적 변이와 구별할 수 없는 작은 변이만 가지고 있어, 안전성과 환경 유해성 여부를 평가하기 위해 막대한 비용과 시간이 소모되는 GMO 작물과 달리 비용과 시간을 절약할 수 있을 것으로 기대된다.

응용분야

- 유전체 교정배추 생산

특허명	식물 원형질체로부터 유전체 교정 식물체를 고효율로 제조하는 방법		
출원국가	한국	출원인	기초과학연구원 서울대학교산학협력단 재단법인차세대융합기술연구원
출원번호	1020160129356	등록번호	1018298850000
출원일	2016.10.06	등록일	2018.02.09

기술개요

Cas 단백질 및 가이드 RNA를 도입하여 식물 원형질체로부터 재생된 유전체가 교정된 식물체의 제조 효율을 증가시키는 방법

개발배경

- 유전체 교정 식물이 유럽 및 타 국가에서 GMO (genetically-modified organism)로 규정되어 제제를 받을지 여부는 현재까지 불명확한 상태이다.
- Cas9 단백질 및 gRNA를 코딩하는 플라스미드를 식물 세포에 도입하는 방법에 비해, 미리 조립된 Cas9 단백질gRNA RNP (ribonucleoprotein)를 이용하는 경우 숙주세포의 유전체에 재조합 DNA를 삽입할 가능성을 줄일 수 있다.

기술 세부내용

- (i) 분리된 식물 원형질체에 Cas 단백질 및 가이드 RNA를 도입하여 유전체를 교정하는 단계; 및 (ii) 상기 식물 원형질체를 재생시켜 유전체 교정 식물체를 제조하는 단계를 포함하는, 식물 원형질체로부터 제조된 유전체 교정 식물체의 제조 효율을 증가시키는 방법

기술의 효과

- 유전체 교정 식물체의 제조 효율을 증가시키는 방법을 통해 표적 유전자가 변이된 식물체를 효율적으로 생산할 수 있을 뿐 아니라, 식물체 내 외래 DNA의 삽입을 최소화할 수 있다. 따라서 본 발명은 농업, 식품 및 생명공학분야 등 다양한 분야에서 매우 유용하게 사용될 수 있다.

응용분야

- 제조 효율 증가

특허명	찰초당 옥수수 '꿀미찰' 품종을 구분하기 위한 특이 SSR 프라이머 및 이의 용도		
출원국가	한국	**출원인**	강원대학교산학협력단
출원번호	1020190110266	**등록번호**	1021375700000
출원일	2019.09.05)	**등록일**	2020.07.20

기술개요

80개의 SSR(simple sequence repeat) 프라이머 세트를 포함하는 '꿀미찰' 옥수수 품종을 구분하기 위한 SSR 프라이머 세트 개발

개발배경

- 옥수수(Zea mays L.)는 세계 3대 중요 작물 중 하나이며, 전세계적으로 식용, 간식용, 사료용, 공업용 등 다양한 용도로 이용되고 있다.
- 작물의 품종 또는 유전자원의 식별은 주로 포장에서 수집 및 육성자원들에 대한 형태특성조사 또는 DNA 분자마커를 이용한 방법으로 이루어지고 있다. 하지만 형태특성조사의 경우, 여러 제한요소(재배 방법, 조사자의주관, 연차간 변이 등)로 인하여 품종 및 자원의 식별을 어렵게 한다.

기술 세부내용

- 본 발명의 방법은 옥수수 시료에서 게놈 DNA를 분리하는 단계를 포함한다. 상기 시료에서 게놈 DNA를 분리하는 방법은 당업계에 공지된 방법을 이용할 수 있으며, 예를 들면, CTAB 방법을 이용할 수도 있고, wizard prep 키트(프로메가사)를 이용할 수도 있다. 상기 분리된 게놈 DNA를 주형으로 하고, 본 발명의 일 실시예에 따른 SSR 프라이머 세트를 프라이머로 이용하여 증폭 반응을 수행하여 표적 서열을 증폭할 수 있다.

기술의 효과

- SSR 프라이머 세트를 통하여 꿀미찰 옥수수 품종의 효율적인 식별이 가능할 뿐만 아니라, 꿀미찰 옥수수의 품종보호, F1 잡종의 순도검정 그리고 꿀미찰 옥수수와 같은 찰초당옥수수 유전자원들을 효율적으로 평가할 수 있는 최적의 SSR 마커 선발과 분자육종연구 등에 유용한 정보를 제공할 것으로 기대된다.

응용분야

- 옥수수 품종 식별

07

종자산업 기업 동향

7. 종자산업 기업 동향

가. 해외 동향

1) 라이크즈반(Rijk Zwaan)[38]

[그림 44] 라이크즈반

라이크즈반은 채소 육종 및 종자 생산 회사로 1924년에 설립되었으며 네덜란드 남부 지역에 위치한 리르(Lier)에 본사를 두고 있다. 이 회사의 지분은 세 가족이 90%를 소유하고 있으며 나머지 10%는 직원 주식제도에 따라 직원들이 소유하고 있다. 직원들에게는 매년 주식을 살 기회가 주어지며 이를 통해 재정적으로도 라이크즈반에 참여할 수 있다. 2019년 수익은 전년 대비 6% 증가하여 4억 4천만 유로를 기록하였고 직원의 40%가 R&D에 적극 참여하며 매출의 30%를 R&D에 투자하고 있다.

주요채소 카테고리 (품종 수)	
꽃상추 (6)	브로콜리 (3)
가지 (9)	오이 (25)
오이 피클 (2)	샐러리 (4)
콜리플라워 (13)	콩 (2)
셀러리악 (4)	콜라비 (6)
비트루트 (6)	대목 (9)
파프리카 (24)	고추 (1)
파슬리 (1)	리크 (1)
아루굴라 (3)	상추 (161)
양배추 (28)	근대 (2)
시금치 (35)	토마토 (42)
마타리상추 (4)	당근 (5)

[표 54] 라이크즈반 채소종자 품종

---

38) 종자산업 강국 네덜란드 TOP3 토종 종자기업, KOTRA, 2020.04.24

라이크즈반은 가족기업으로 시작하여 30여개 현지 자회사를 늘려간 것을 자사의 성공 요인으로 꼽고 있다. 라이크즈반은 과테말라, 남아프리카, 탄자니아, 인도, 베트남에 있는 산업 및 무역협회의 회원으로서 종자 지원이 가능한 환경을 조성하는 데도 적극적으로 기여하고 있으며, 동서 종자(East-West Seed) 및 와게닝겐대학과 함께 아프리카 채소산업에 대한 전문종자(SEVIA)와 협력관계를 맺고 있다. 또한 세계 유전자 은행들과 협력하며 유전자 자원을 수집하고 보호하고자 다수의 유전자 은행에 재정 지원을 통해 농생물의 다양성을 보존하는 데 기여하고 있다.

2020년, 라이크즈반은 'SN!BS'라는 들고 다니면서 먹을 수 있는 건강한 미니 야채 간식 브랜드를 선보였는데, '함께 더 강하게'라는 테마로 SN!BS 브랜드로 미니 토마토와 미니 오이를 포함한 다양한 채소 간식을 홍보하고 있다.

[그림 45] 라이크즈반 브랜드 SN!BS의 미니 채소간식

2) 베요자덴(Bejo Zaden)[39]

[그림 46] 베요자덴

　베요자덴은 채소 종자의 재배, 생산, 판매를 전문으로 하는 100년 이상의 역사를 가진 기업이며, 양파, 당근, 브라시카 등 150여종의 다양한 유기농 품종을 보유하고 있다. 베요자덴은 30여개국에 1,700여명의 직원을 두고 있으며 2017년 총 매출액은 약 2억 7000만 달러 규모로 서유럽, 동유럽, 북미, 중남미를 주요시장으로 하여 현재는 아시아와 아프리카 시장도 개발 중이다.

주요채소 카테고리 (품종 수)		
꽃상추 (2)	미니 브로콜리 (2)	적색치커리 (8)
샐러리 (8)	파 (4)	비트루트 (14)
케일 (6)	덩굴제비콩 (3)	로마네스코 브로콜리 (3)
배추 (8)	회향 (4)	셜롯(Wild Onion) (2)
치커리 (3)	당근 (33)	근대 (4)
콜라비 (10)	아스파라거스 (6)	옥스하트(Oxheart) 양배추 (6)
파스닙 (4)	콜리플라워 (19)	방울양배추 (16)
리크 (11)	브로콜리 (3)	껍질콩 (2)
무 (3)	주키니호박 (2)	양파 (33)
적양배추 (10)	셀러리악 (6)	백양배추 (27)
사보이 (11)	청경채 (1)	파슬리 (5)
상추 (25)		

[표 55] 베요자덴 채소종자 품종

---

39) 종자산업 강국 네덜란드 TOP3 토종 종자기업, KOTRA, 2020.04.24

　　베요자덴은 세계적인 종자 회사들과 가장 큰 유통 네트워크를 맺고 있는 기업 중 하나로 46개국에서 판매 활동을 하고 있다. 베요자덴은 각 소규모 농가에 맞는 채소 품종에 대한 교육, 육종 및 개발을 돕고 있으며 지역의 기후 상태에 맞는 채소 품종을 개발, 재배하여 소규모 농가에게 제공하고 있다.

　　베요자덴은 지역 고유의 생물 특성에 상업 특허를 내지 않고, 생물 다양성 협약(Convention on Biological Diversity)에 따라 육종가에게는 새로운 품종의 생산이나 연구를 위해서는 보호품종을 자유롭게 사용하도록 한 것과 같이 생물학적 물질 간 자유로운 교류를 지지하고 있다. 또한, 다른 회사들과 마찬가지로 R&D에 많은 투자를 통해 식물 DNA연구로 더 좋은 특성을 지닌 품종과 종자를 개발하는 데 힘쓰고 있다.

3) 엔자자덴(Enzazaden)[40)]

[그림 47] 엔자자덴

엔자자덴은 1938년에 가족기업으로 설립, 교잡, 유기농 품종인 다양한 채소 작물들을 생산하고 있다. 엔자자덴은 24개국에 47개 자회사와 3개 합작회사를 두고 있으며, 라틴아메리카, 아프리카, 동남아시아에서 활동하며 2015년에 2억 1,800만 유로의 매출을 달성, 2016년 네덜란드 100대 기업 순위에서 96위를 기록했다.

주요채소 카테고리 (품종 수)	
꽃상추 (10)	가지 (3)
콜리플라워 (9)	주키니 호박 (5)
오이 (23)	콜라비 (5)
허브 (65)	멜론 (47)
대목 (1)	파프리카 (21)
호박 (6)	리크 (3)
치커리 (3)	무 (4)
상추 (49)	시금치 (1)
토마토 (21)	마타리상추 (4)
회향 (3)	

[표 56] 엔자자덴 채소종자 품종

엔자자덴은 매년 R&D에 7,500만 유로를 투자하여 연간 100여종의 신품종을 출시하고 있으며 이를 통해 30여종 이상의 농작물을 개선하는 것을 목표로 하고 있다.

---

40) 종자산업 강국 네덜란드 TOP3 토종 종자기업, KOTRA, 2020.04.24

엔자자덴은 동남아시아 재배지 설립에도 투자하여 질병 및 해충 저항성, 비생물적 스트레스 내성을 가진 품종을 개발하기도 했다. 2018년에는 말레이시아에 동남아시아 본부를 설립해 채소 품종을 개발하고 말레이시아에 종자를 유통할 예정이며, 같은 해 필리핀에는 상업용 사무실과 종자 보관소를 설립하기도 했다.

엔자자덴은 활동하고 있는 여러 지역에 육종 프로그램을 제공하고 있는데, 동서종자 인도네시아(EWINDO)와 합작 투자로 토마토, 호박, 오크라, 아마란스, 공심채, 줄콩 등 세계적인 현지 작물을 개발하기도 했다. 또한, 네덜란드 유전자원센터(Centre for Genetic Resources)와 파트너십을 맺어 야생 작물 및 농가 품종의 생식질을 채취하기 위한 재정지원을 하고 있으며 연구와 육종을 위한 목적으로 품종들을 사용할 수 있게 했다.

엔자자덴은 비정부기구인 Fair Planet과 협력하여 에티오피아 농부들이 생식질을 사용할 수 있게 지원하며 케냐, 남아프리카, 인도, 인도네시아, 필리핀, 태국에서 국제 무역 협회의 회원으로서 현지 종자 개발에 기여하고 있다.

나. 국내 동향

1) 아시아종묘[41][42]

[그림 48] 아시아종묘

아시아종묘는 종자를 개발 및 생산할 목적으로 2004년 6월 설립된 종자 전문기업으로, 2005년 설립한 전라남도 영암 소재지의 품질관리소를 포함하여, 전라남도 해남시, 경기도 이천, 전라북도 김제시에 순차적으로 연구소를 설립함으로써, 육종연구와 조직배양, 병리검정 등 생명공학 관련 연구개발 및 생산기반을 마련했다. 아울러, 아시아종묘는 국내뿐만 아니라 해외(인도, 베트남)에도 법인을 보유하고 국내/외 영업망을 확보하고 있다.

아시아종묘는 연구개발 역량을 기반으로 단호박, 양배추, 무, 고추 등의 종자를 자체적으로 개발하여 농약/종묘사, 영농조합 등 중간유통자와 농민, 일반 개인 고객 등 소비자를 대상으로 판매하며 성장하였다. 아시아종묘는 연구 성과와 유통망 확대에 힘입어 2014년 7월 코넥스 시장에 상장되었고, 2018년 2월 코스닥 시장으로 이전 상장되었다. 나아가, 2019년 8월에는 도시 농업백화점 채가원을 설립하여 도시 텃밭이나 주말농장에 필요한 씨앗, 비료, 화분, 원예자재 등 물품을 판매하고, 작물 재배 컨설팅 서비스도 제공하며 사업영역을 다각화하고 있다.

아시아종묘는 수입 종자를 대체하기 위해 다양한 품종의 국산화를 추진하고 있으며, 꽃가루가 생산되지 않는 현상인 웅성불임성, 암꽃만이 착화되는 자성주 등을 활용한 육종기술을 통해 전략적으로 종자를 육성함으로써 이익을 창출하고 있다. 아시아종묘가 개발 및 생산하고 있는 주요 종자로는 단호박, 양배추, 무, 고추, 양파, 참외, 멜론, 수박, 토마토 등으로 다양하다.

아시아종묘의 대표적인 매출 상위 품종으로는 아지지망골드(단호박), 원스톰(양배추), 동하무(무), 원볼(양파) 등이 있다. 아울러, 아시아종묘는 최근 소비자들이 건강에 관심이 높아지고, 웰빙 식품에 대한 선호도가 증가하고 있는 트렌트를 반영하여 안토시아닌, 베타카로틴, 비타민 등 항암 성분이 풍부한 종자도 개발하여 판매 중이다. 주요 기능성 품종으로는 미인풋고추, 신홍쌈배추가 있으며 적색 청경채, 적색 경수채, 적색 다채 등 다양한 적색 베이비 채소 신품종도 지속 출시하고 있다.

---

41) 아시아종묘(154030), 한국 IR협의회, 2021.04.01
42) [특징주] 아시아종묘, 정부 2조 투자 종자산업 육성 계획에 강세 / 머니S

사업군	주요 품종 사진 및 특징
단호박	• 분질도가 높은 밤호박으로 당도가 높아 생식/생즙으로 이용 가능 • 1.5~1.8kg의 편원형 과형 • 과피는 청록색에 옅은 줄무늬가 있으며, 과육은 녹황색으로 두께가 두꺼워 먹을 수 있는 부위가 많음
양배추	• 내한성이 우수한 월동 양배추로, 내병성(시들음병, 무름병)이 강함 • 1.8~2.1kg의 편형의 양배추 • 구색은 짙은 녹색이며, 구의 조직이 치밀하고 코어가 짧음
무	• 뿌리의 비대가 빠르고 근형이 H형으로 매끈하며, 추대가 비교적 안정되어 고랭지 여름 재배 및 평탄지 재배에 적합 • 고온 건조에도 재배가 양호하며, 생리장해에 강한 품종 • 국립종자원 주관 무 평가회(2015년)에서 인기 품종상 수상
양파	• 초세가 강한 고구형으로, 순도가 균일하며 추대와 분구가 안정적 • 비대력이 뛰어나고 작형이 안정되어 있어 재배가 용이 • 중만생종으로 내병성이 강함
고추	• 과가 길고 곧은 형태로, 평균 과장은 17~21cm • 육질이 아삭하며 초세가 강한 품종 • 혈당 억제 성분(α-글루코시다제)을 포함하여 탄수화물 흡수를 늦추며 혈당을 조절하여 당뇨 예방에 효과
배추	• 잎 수가 많아 잎 따내기 쌈용으로 적합 • 저온기 재배 시 적색 발현이 우수함 • 수용성 안토시아닌 등 항산화 물질을 함유하여 항암에 효과

[표 57] 아시아종묘의 주요 품종

아시아종묘는 국내/외 시장경쟁력을 공고히 하기 위하여 국내뿐만 아니라 인도와 베트남 법인을 기반으로 해외에도 연구기지와 영업망을 구축하고 있다. 아시아종묘는 2011년 인도 법인을 설립하고, 인도의 열대 기후를 활용하여 종자 개발 기간을 단축하고 있다. 이에 이어 2018년 베트남 법인을 추가로 설립하였다. 특히, 베트남은 1모작만 가능한 국내 환경과 달리 연중 3~4모작이 가능하여 효율적인 종자 개발/생산이 가능하고, 캄보디아, 라오스, 미얀마 등 주변 동남아 지역으로 종자 수출을 확대하기에 적합하다.

국가	Pool 수	주요 생산 품목
이태리	4	양배추, 무, 갓, 강낭콩, 당근, 부추, 양파, 완두, 치커리 등
프랑스	2	양배추, 당근, 비트 등
인도	5	호박, 토마토, 고추, 여주, 수박, 강낭콩, 오이, 대목 등
중국	1	배추, 무, 고추, 파프리카, 가지, 토마토, 오이, 수박, 멜론 등
뉴질랜드	3	양배추, 무, 완두, 당근 등

[표 58] 아시아종묘 주요 해외 채종 Pool 현황

나아가, 아시아종묘는 기후조건, 생산량 등을 고려하여 해외 전문 채종업체와 위탁 채종계약을 체결하여 종자를 생산하고 있다. 아시아종묘가 생산하는 종자는 평균 생산량이 10a(300평)당 몇십kg 내외로, 모든 종자의 직접 생산이 불가능하여, 국내 외 이태리, 인도, 중국 등 총 11개국에 주요 채종 Pool을 확보함으로써 안정적으로 종자를 생산하고 있다. 또한, 생산한 종자를 2019년 기준 42개국으로 수출하며 해외시장 내 경쟁력을 강화하고 있다.

아시아종묘의 매출은 단호박, 양배추, 무 등을 포함한 종자 매출과 새싹재배기 등의 상품 매출로 구성되며, 2020년 사업보고서(2020.09)에 따르면, 최근 3개년간 전체 매출 중 96% 이상이 종자 매출로 구성되어 있다. 아시아종묘는 9월 결산 기업이며, 2019 회계연도 기준 아시아종묘의 총 매출(별도기준)은 전년 대비 0.1% 증가한 178.8억 원을 기록하였고, 2020 회계연도 기준 총 매출(별도기준)은 226.4억 원으로 전년 대비 26.6% 증가하였다.

코로나19로 가정에 머무는 시간이 많아지며, 종자 외에도 새싹재배기, 텃밭세트 등 아시아종묘의 채가원을 통해 판매되는 상품 수요 확대도 매출 증가에 일조한 것으로 보여진다. 분기보고서(2020.12)에 따르면, 2021년 1분기 매출(별도기준)도 전년 동기 대비 종자는 24.6%, 상품은 147.8% 매출이 증가하는 등 안정적인 매출 성장을 나타내고 있다.

아시아종묘는 단호박, 양배추 등 종자 연구개발을 위해 전라남도 해남 소재지에 설립한 남부연구소와 경기도 이천의 생명공학연구소 및 전라북도 김제 육종연구소로 구성된 국내 3곳의 연구소를 운영하고 있다. 남부연구소에서는 우리나라 남부지방 기후에서 재배 가능한 과채류와 엽채류 등 신품종 육성에 주력하고 있으며, 이천 생명공학연구소에서는 연구실, 병리검정실, 조직배양실을 갖추고 분자마커 개발, 병리검정 지원 등의 생명공학 관련 연구개발을 수행하고 있다.

아시아종묘의 김제 육종연구소는 국내 종자 산업의 경쟁력 강화를 위해 2013년 농림축산식품부 주관으로 시행된 김제 씨드밸리(민간육종연구단지) 정책사업 참여를 통해 설립되었으며, 참외, 수박, 호박 등 수출 종자를 위주로 연구 중이다. 아시아종묘는 안정적인 연구소 운영과 연구개발을 위하여 국가로부터 지원받는 연구개발비 보조금과 더불어 매년 자체 연구개발비를 투자하고 있으며, 매출액 대비 전체 연구개발비는 최근 3개년 평균 26.4%의 비율을 구성하고 있다.

아시아종묘는 전 세계 42개국의 거래처(2020년 12월 기준)와 유관기관의 협조 아래 우량한 유전자원을 수집하고 있으며, 육종기술과 생명공학 기술을 접목하여 신품종을 개발하고 있다. 아시아종묘는 전통적인 육종기술에 해당하는 웅성불임성을 활용하여 개발 종자의 순도를 향상시키고 있다. 웅성불임성은 꽃가루가 생산되지 않는 현상으로, 형질이 우수한 교잡종 생산 시 꽃가루를 제거하는 번거로운 작업을 거치지 않아 생산 효율성이 좋으며, 일대교잡종(F1품종)이 수정능력이 없어 모계/부계 유출을 막아 유전자원을 안정적으로 보호할 수 있다.

아울러, 아시아종묘는 암꽃만 100% 착화되는 자성주를 이용한 채종법으로 순도를 향상시키고, 생산비용을 인공 채종 시에는 20% 이상, 매개곤충을 이용하는 경우에는 60% 이상 절감하며 생산 경쟁력을 확보하고 있다. 한편, 아시아종묘는 육종기술뿐만 아니라 분자마커, 병리검정, 조직배양과 같은 생명공학 기술을 접목하여, 재배에 소요되는 비용과 시간을 줄이며 형질이 우수한 종자를 개발하고 있다. 분자마커는 DNA 염기서열과 같은 분자들의 차이를 이용하여 특정 형질의 표지자로 사용할 수 있는 표지 분자를 말한다.

아시아종묘는 종자의 DNA를 추출하고 시약 분주, HRM(High Resolution Melting, 고해상도 용해) 분석 등의 과정을 거쳐 분자마커를 활용한 고순도 종자를 연구개발 중이다. 또한, 내병성 마커 및 분자생물학적 검정 방법 등을 통한 병리검정으로 기후에 따른 종자의 지역 특이적인 병 저항성을 검정하며 내병성 품종을 육성하고 있다. 나아가, 소포자 및 약 배양 기법 등 조직배양 기술을 기반으로 계통을 조속하게 확립하며 다양한 유전자원을 개발하고 있다.

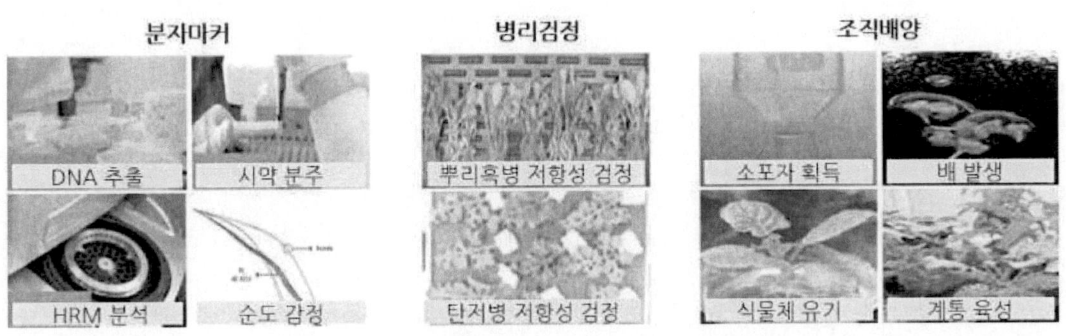

[그림 55] 아시아종묘의 생명공학 관련 연구개발 예시

아시아종묘는 기술력을 기반으로 국가정책과제와 자체 연구개발을 수행하며 연구 성과를 나타내고 있다. 아시아종묘의 최근 국가정책과제 연구개발 완료 실적으로는 유전자원 탐색과 돌연변이 유기에 의한 기능성 들깨 품종 개발(2018), 분자마커를 활용한 흰가루병 저항성 단호박 품종 육성(2019) 등이 있으며, 아시아종묘는 개발 종자에 대해 상품화를 추진함으로써 가치를 창출하고 있다.

또한, 아시아종묘는 2020년 이후에도 수요자 맞춤형 국산 양상추 품종 개발, 저장성 증진 및 가뭄 저항성 여름 배추 육종소재 개발 등의 신규 과제를 꾸준히 수주받으며 연구를 지속하고 있다. 그 외 아시아종묘는 배추과, 가지과, 백합과, 박과 등 품목별로 내후성, 내충성, 복합 내병성을 지닌 품종을 자체적으로 개발하고, 품종 보호 등록을 통해 개발 품종의 실시 권리를 독점하고 있다.

국립종자원에 보호 등록된 아시아종묘의 품종은 2021년 3월 기준 총 118건으로 확인되며, 아시아종묘의 분기보고서(2020.12)에 따르면, 아시아종묘는 56건의 품종 보호 출원을 진행하였다. 이와 더불어, 2021년 3월 기준 아시아종묘는 52건의 상표권을 확보하고 있고, 이를 통해 브랜드 인지도를 제고하고 종자산업 내 입지를 공고히 하고 있다.

구분	품종 보호권		상표권
	등록	출원	등록
건수	118건	56건	52건
대상	양배추(57건), 고추(18건), 수박(11건), 호박(7건), 참외(6건) 등	고추(11건), 양파(7건), 토마토(6건), 수박(5건), 무(3건) 등	허니아삭, 미남풋, 암프리채, 튼튼초, 감토, 채가원 등

[표 59] 아시아종묘의 지식재산권 보유 현황

아시아종묘는 국내/외 판매 전략을 통해 기술 경쟁력 외 영업 및 마케팅 경쟁력도 강화하고 있다. 국내 시장의 경우 지역과 작물특성을 고려하여 농가에 종자를 무료로 공급하거나 육묘비 등을 지원하며 개발 품종의 적응성을 확인하는 시교 사업을 시행하고 있다. 사업이 성공하는 경우 농가 품평회 등을 통해 매출로 연결시킴으로써 체계적으로 판매 시장을 집중 개발 중이다.

지역별 기술센터와 협업하여 농가를 대상으로 작물특성, 관리법 등에 대한 세미나를 개최하고, 계절별로 작물 파종 전에 농가를 직접 방문하여 아시아종묘의 종자 우수성을 홍보하는 등 판매 증대를 위한 B/S(Before Service) 및 A/S(After Service)를 제공하고 있다. 한편, 해외 시장 개척을 위해 아시아종묘는 중국, 인도 등 주요 수출국의 지역 곳곳을 세부적으로 접근하고 있다.

매년 미국종자협회, 인도종자총회, 유럽종자협회 등 국제종자교역회와 Beijing Seed Fair, Horti Fair 등 해외 박람회 참가를 통해 신규 해외 거래선을 발굴하고 새로운 시장을 개척하고 있다. 나아가, 농업 및 종자와 관련하여 세계적으로 영향력 있는 잡지(Vegetable Grower, Seed World 등)에 아시아종묘의 제품을 홍보하며 전 세계 농업인을 대상으로 적극적인 홍보 및 마케팅 활동을 수행하고 있다.

농림축산식품부가 종자산업 규모를 확대할 계획인 가운데 아시아종묘의 주가가 강세다. 2023년 2월 1일 농식품부는 2027년까지 종자산업 규모를 1조 2000억원으로 키우기 위해 약 2조원을 투자한다고 밝혔다. 이를 위해 5대 전략 13개 과제와 향후 5년간 1조 9410억원 투자 방안을 담은 제3차 종자산업 육성 종합계획을 발표했다. 농식품부는 국내 종자시장과 해외 종자시장 현황, 해외 주요 국가의 종자 정책동향, 해외 주요 종자 기업의 종자 개발 기술 동향 등을 분석해 종자 산업 육성의 관점에서 발전 방향을 제시하고 실천 수단을 마련하는 데 중점을 뒀다.

항목	2018년	2019년	2020년	2020년 회계연도 1분기	2021년 회계연도 1분기
매출액	184.6	180.8	228.4	32.9	41.7
매출액 증가율(%)	-12.0	-2.1	26.4	67.4	26.7
영업이익	-15.6	-15.6	9.3	-8.7	-1.0
영업이익률(%)	-8.5	-8.6	4.1	-26.5	-2.4
순이익	-22.0	-41.3	-14.2	-2.1	-18.4
순이익률(%)	-11.9	-22.8	-6.2	-6.3	-44.0
부채총계	149.1	249.1	234.2	240.9	240.9
자본총계	187.7	146.9	153.7	144.6	180.9
총자산	336.8	396.0	387.9	385.5	421.9
유동비율(%)	151.8	150.8	97.5	144.4	151.8
부채비율(%)	79.4	169.6	152.4	166.6	133.2
자기자본비율(%)	55.7	37.1	39.6	37.5	42.9
영업현금흐름	-3.3	-14.7	-7.5	-8.8	1.4
투자현금흐름	-8.4	-84.8	-0.1	1.0	-1.7
재무현금흐름	26.0	88.6	-5.6	-5.9	42.7
기말 현금	30.3	20.2	6.7	6.2	48.7

[표 60] 아시아종묘 연간 및 1분기(누적) 요약 재무제표 (단위: 억 원, K-IFRS 연결기준)

2) 농우바이오[43]

[그림 56] 농우바이오

농우바이오는 1981년 10월 농우종묘사로 창업하였으며, 1990년 6월 농우종묘 주식회사로 법인전환하였고, 2002년 4월 코스닥 시장에 상장되었다. 2020년 반기보고서에 따르면, 본사는 경기도 수원시 영통구 센트럴타운로에 소재해 있으며, 총 470여 명의 임직원이 근무하고 있다. 농우바이오는 농업용 채소 종자와 상토를 개발하는 농업 전문기업으로 종자 및 농자재 사업을 주요 사업으로 영위하고 있다.

현재, 농우바이오는 글로벌 마케팅 경쟁력 강화로 해외 영업뿐만 아니라 신시장 개척 및 신품종 개발을 추진하여 글로벌 선두 기업으로 성장하고 있다. 또한, 농협 인프라를 적극적으로 활용한 협력 사업을 추진하여 종자, 상토, 비료, 농약을 연계한 토탈 농기자재 사업 모듈을 개발하여 기업경쟁력을 강화할 예정에 있다.

농우바이오는 전체 매출액 중 77.79%를 종자로 시현하고 있으며, 종자 중 고추, 토마토, 무, 배추, 수박, 참외, 오이, 호박, 멜론 등과 같은 다수의 제품 포트폴리오를 구축하고 있으며, 이를 위해 연구개발을 지속해서 추진하고 있다. 2022년 연결 영업이익이 110억원을 기록해 전년 대비 61.38% 증가했다. 같은 기간 매출액과 순이익은 1463억원, 98억원으로 각각 10.13%, 41.25% 늘었다.[44]

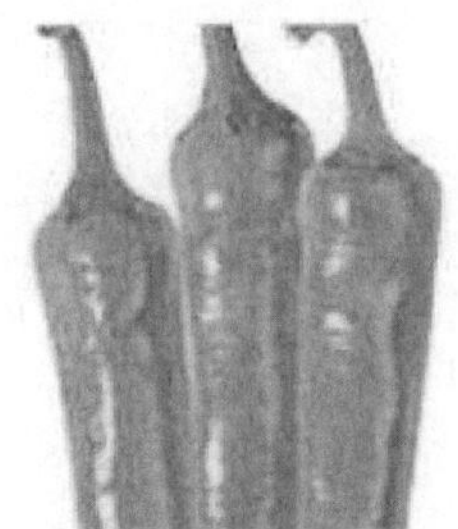

[그림 57] 농우바이오 제품 포트폴리오

최첨단 장비와 시설을 갖추고 산지에서 생산된 종자를 세계 최고 품질을 갖춘 제품으로 만들어 농가에 보급하기 위해 구축한 QA(Quality Assurance) 본부는 종자 품질을 최종 보증하는 부서로 육종연구소, 생명공학 연구소 등 관련 부서와 유기적인 업무시스템을 갖추고 있다. 종자의 발아, 병리, 순도 검사를 통한 품질검사와 종자의 보관, 가공, 포장, 유통까지의 최첨단 과학적 기법으로 운영 관리하고 있다.

---

43) 농우바이오(054050), 한국 IR협의회, 2021.01.21
44) 농우바이오, 지난해 영업이익 110억…전년比 61.38%↑ / 뉴시스

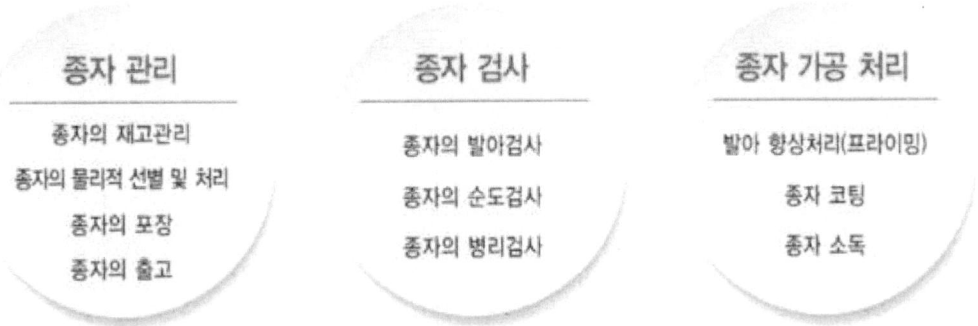

종자 관리

종자의 재고관리
종자의 물리적 선별 및 처리
종자의 포장
종자의 출고

종자 검사

종자의 발아검사
종자의 순도검사
종자의 병리검사

종자 가공 처리

발아 향상처리(프라이밍)
종자 코팅
종자 소독

[그림 58] 농우바이오 최첨단 운영시스템

농우바이오는 한국과 같이 부존자원이 부족한 국가에서의 무형의 생명과학 지식이 고부가가치를 창출할 수 있는 대표적인 지식산업이 될 것으로 판단하여 연구·개발 조직을 구축하여 산업, 고용 및 부를 창출할 수 있는 가장 대표적인 산업으로의 부상을 꿈꾸고 있다. 이에, 안성 파프리카 육종연구원, 김제 씨드밸리 산형 백합과 연구소를 연구시설로 편입, 연구인력을 보충하여 연구역량을 강화하였다. 또한, 꾸준한 R&D 투자(5년 평균 16.6%), 국책과제 수행(국내 겨울 재배용 품종 개발, 수출용 중과형 파프리카 품종 개발 등)을 통한 지원금 확대 및 연구역량을 강화하였다.

농우바이오는 전국적으로 10개의 지점과 제주사업소를 보유하고 있으며, 각 지점을 통하여 700여 개의 판매상과 거래를 하고 있다. 또한, 해외매출은 자회사인, 북경세농종묘유한공사, NONGWOO SEED INDIA PVT. LTD, PT. KOREANA SEED INDONESIA, NONGWOOSEED MYANMAR PVT. LTD, NONGWOO SEED AMERICA INC., NONGWOOBIO TOHUMCULUK SANAYI TICARET ANONIM SIRKETI 등의 해외 현지법인 및 외국 종묘회사를 통하여 외국 농민들에게 공급되고 있다.

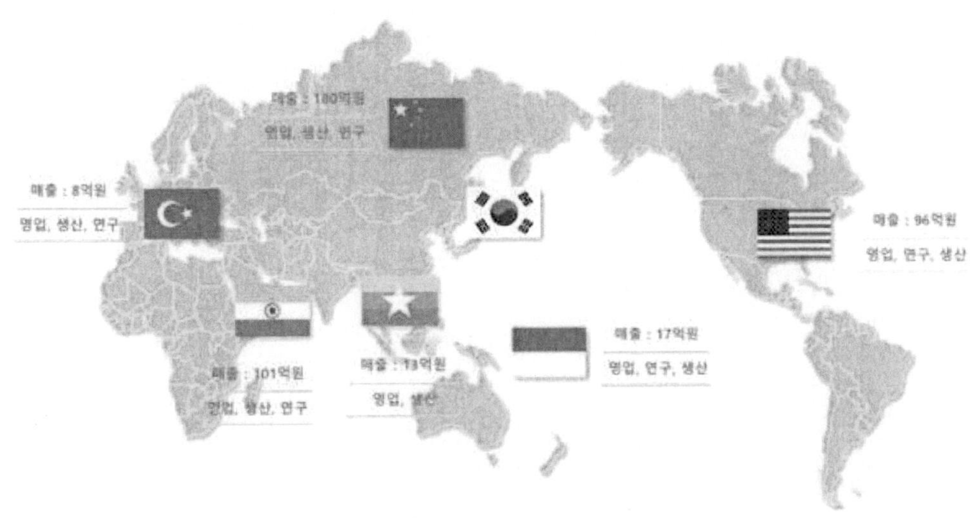

[그림 59] 농우바이오 해외법인의 판매 현황

근래 관련 소송 등 지식재산권의 중요성이 증대되고 있는 가운데 동사는 우수한 특성을 나타내는 품종에 대한 품종 생산·판매에 대한 독점적 권리를 인정하는 품종보호제도를 활용하고 있으며 2015년 15건, 2016년 6건, 2017년 11건, 2018년 6건, 2019년 8건을 등록받았고 총 등록 건수는 165건으로 파악된다.

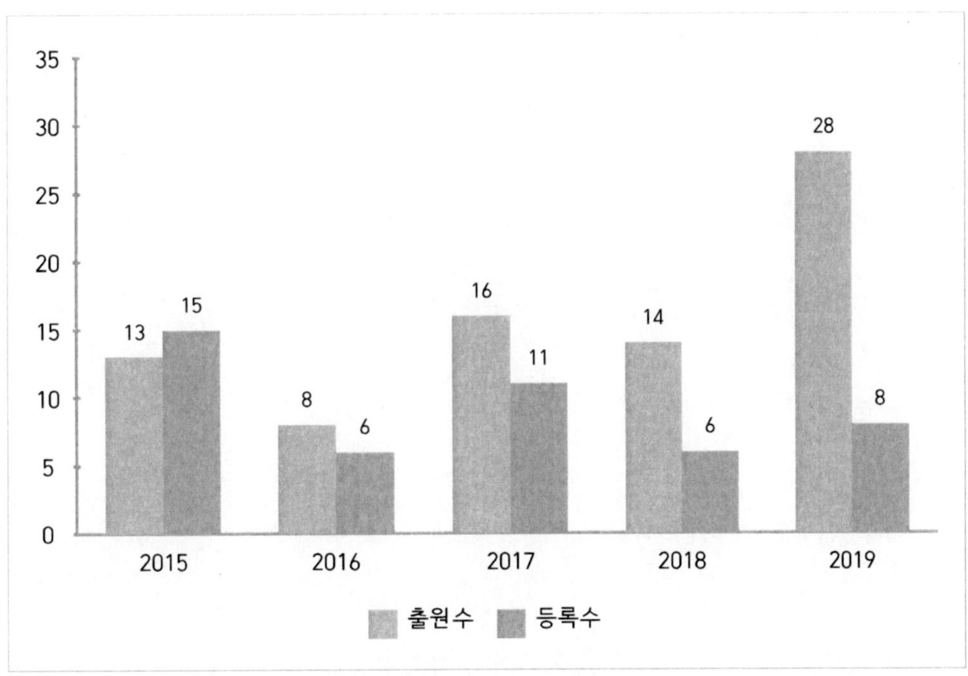

[그림 60] 농우바이오 품종보호 출원 및 등록 추이 (단위: 건)

재래종은 수율의 불규칙성으로 선진국으로 갈수록 교배종(F1 Hybrid)으로 대부분 대체된 상태이다. 종자는 교배 방식에 따라 재래종과 교배종(교잡종)으로 나뉘는데 재래종은 격리된 환

경에서 자연방임 교배를 통해 유전적 형질이 자연적으로 고정된 종으로 특별한 육종 기술 및 생명공학 기술이 요구되지 않는다. 따라서, 종자 가격은 극히 낮지만, 수율이 불균일(유전학상 근친교배가 될 가능성이 커 수율이 균일하지 않음)해 개발 도상국에서 주로 사용 중이다. 이에, 병해충 저항성과 수량성을 높일 수 있는 신규 기술 개발의 필요성이 요구되고 있다.

농우바이오는 선진국형 종자인 교배종으로 전환하였으며, 교배종은 제1대 교배종이 양친보다 우수한 성질을 갖는 잡종강세 현상을 활용하여 육종하여 생육·생존력·번식력 등에서 우수한 고순도의 품종이다. 따라서, 병해충 저항성이 강하고, 상품 크기, 무게 맛 등이 균일한 효과가 있다.

<table>
<tr><th>재래종 OP
(Open Pollination)</th><th></th><th>제1대 교배종
(F1 Hybrid)</th></tr>
<tr><td>격리된 환경에서 자연방임 교배를 통해 유전적 형질이 자연적으로 고정된 종</td><td></td><td>제1대 교배종이 양친보다 우수한 성질을 갖는 잡종강세 현상을 활용하여 육종</td></tr>
<tr><td>특별한 육종 기술 및 생명공학 기술이 요구되지 않음.</td><td>⇒</td><td>생육, 생존력, 번식력 등에서 우수한 고순도의 품종</td></tr>
<tr><td>특징
-저렴한 종자 가격
-낮은 생산물 수량성
-정연성 낮음
-개발도상국형</td><td></td><td>특징
-병해충 저항성 높음
-수량성 우수
-상품 크기, 무게, 맛 등 균일
-선진국형</td></tr>
</table>

[그림 61] 농우바이오, 재래종에서 제1대 교배종으로 전환 중

① DNA 마커 활용기술

농우바이오는 고품질의 신품종 개발을 위해 분자유전학 및 생물정보학 관련 지식과 기술을 적용하여 DNA 마커를 개발하고, 이들 마커를 활용한 육성재료의 대량분석을 통한 신품종 육성 프로그램을 효과적으로 지원하고 있다.

다수의 DNA 마커는 내병성 등의 유용 형질을 결정하는 유전자의 변이를 이용하여 목적 형질을 유묘기에 효율적으로 선발할 수 있는 기술(MAS; marker-assisted selection)과 우량계통을 육성하기 위해 사용되는 여교배 육종법의 육성세대를 단축하기 위한 기술(MAB; marker-assisted breeding)에 널리 이용되고 있다.

농우바이오는 우수한 신품종 개발이 신속하고 정확하게 이루어질 수 있도록 연간 100만 점 이상의 DNA 마커를 분석할 수 있는 IntelliQube 마커분석 자동화 시스템(Fully automated PCR setup, amplification and analysis system, LGC Biosearch Technologies)을 구축하여 신품종 육성 프로그램에 이용하고 있다.

일례로, "칼탄맥스"와 "빅4"와 같은 고추 신품종은 오이 모자이크 바이러스(CMV), 토마토 반

점 위조 바이러스(TSWV), 탄저병, 역병에 대한 복합내병계 품종으로 DNA 마커를 이용하여 다수의 병 저항성 유전인자를 집적하여 개발된 대표적인 성공 사례이다.

② 성분 분석기술

농우바이오는 건강과 웰빙에 대한 소비자의 관심도가 높아짐에 따라 생리활성성분이 다량으로 함유된 기능성 품종 육성을 위한 성분분석 시스템을 구축하고 있으며, 이를 이용하여 항산화 물질인 시스라이코펜(cis-lycopene)이 다량 함유되어 있는 "TY-시스펜" 토마토 신품종을 성공적으로 개발하여 시장에 출시함으로써 소비자들의 기호를 충족시키고 있다.

최근에는 기존의 품종에 비해 베타카로틴(beta-carotene), 플라보노이드(flavonoids) 등의 생리활성성분이 다량 함유되어 기능성이 강화된 신품종 개발을 위한 지속적인 연구개발과 노력으로 고객 만족을 위해 최선을 다하고 있다.

③ 식물조직배양 기술

농우바이오는 식물 세포나 기관을 무균 상태의 적절한 환경에서 배양하여 온전한 식물체를 만들어내는 기술을 이용하여 약, 소포자, 자방 등의 배양을 통해 유전적으로 고정된 순계인 배가 반수체(doubled haploid)를 생산하여 육성가에게 공급함으로써 계통육성 연한을 단축하게 하고 있다.

또한, 동종 혹은 이종 간 세포융합(cell fusion)을 통해 다양한 유용 유전자원을 공급하고 있으며, 최근에는 표적 유전자 돌연변이(유전자교정) 기술을 이용하여 내병성, 기능성 등이 강화된 신규 유전자원을 적극적으로 개발하고 있다.

④ 병원균 동정 및 병리검정 기술

내병충해성은 재배 안정성이 우수한 품종을 개발하는 데 있어서 매우 중요한 핵심요소인바, 농우바이오는 작물별 병원균 동정 및 병 저항성 품종 개발 지원 업무를 체계적으로 수행하고 있으며 재배 농가에서의 병해 발생에 대한 신속한 원인분석을 통해 농가의 안정적 재배와 피해의 최소화에 힘쓰고 있다.

50여 종 이상의 식물 병원균에 대해서는 국공립 연구기관, 대학 등 유관기관들과의 협업을 통하여 채소작물의 병원균에 대한 지속적인 모니터링을 하고 있으며, 이들 병원균 중 저항성이 요구되는 신품종 개발을 효과적으로 지원하고 있다.

최근에는 한 종류의 병원균에 대한 저항성뿐 아니라 여러 종류의 병원균들에 저항성을 갖는 복합내병계 품종 개발에 주력하고 있다. 일례로, "새벽이슬", "수호", "강심장", "천고마비", "가을전설" 등의 배추는 뿌리혹병(clubroot)과 TuMV (Turnip mosaic virus, 순무 모자이크 바이러스) 또는 노균병에 대한 복합 내병계 품종으로 개발되었다.

향후에는 농우바이오의 미국, 중국, 인도, 터키, 인도네시아 등 해외법인 R&D와의 협력사업을 강화하여 해외 목표시장에서 요구되는 병해충 저항성 품종이 육성될 수 있도록 주도적인

역할을 다할 것이다.

농우바이오는 캘러스 유도를 이용한 고추 형질전환체, SOC1 유전자를 교정하여 만추성 형질을 가지는 유전체 교정 배추 식물체의 제조방법, ＣＭＶ 병원형 감염에 내성인 형질전환 고추 등 형질전환기술과 관련된 기술을 특허 등록하여 기술경쟁력과 배타적 독점권을 확보하였다. 2020년 12월 기준 이와 관련된 국내 특허 등록 7건, 국내 특허 출원 1건, 상표권 등록 17건을 보유하고 있다.

출원번호 (출원일)	발명의 명칭	등록번호 (등록일)
10-2008-0127167 (2008.12.15.)	배추 뿌리혹병 저항성 연관 분자표지 및 이의 용도	10-1095220 (2011.12.09)
10-2004-0016722 (2004.03.12.)	캘러스 유도를 이용한 고추 형질전환체의 대량 생산 방법	10-0522437 (2005.10.11)
10-2012-0028632 (2012.03.21.)	세포질 웅성 불임성을 가지는 NWB－CMS 양채류 식물체 및 이의 용도	10-1319265 (2013.10.11)
10-2007-0075640 (2007.07.27.)	메론 및 참외에서 유용한 흰가루병 저항성 연관 SCAR마커 및 이를 이용한 저항성 참외 품종 선발 방법	10-0919753 (2009.09.23)
10-2002-0061649 (2002.10.10.)	새로운 유전자형의 CMS 무 계통의 식물체, 이를이용하여 잡종 종자를 생산하는 방법 및 상기 NWB-CMS 무 계통의 식물체 선발용 DNA 표지인자	10-0399333 (2003.09.15)
10-2018-0153757 (2018.12.03.)	SOC1 유전자를 교정하여 만추성 형질을 가지는 유전체 교정 배추 식물체의 제조방법 및 그에 따른 식물체	10-2113500 (2020.05.15)
10-2006-0100689 (2006.10.17.)	CMV 병원형 감염에 내성인 형질전환 고추	10-0804766 (2008.02.12)
10-2018-0153751 (2018.12.03.)	FT 유전자를 교정하여 만추성 형질을 가지는 유전체 교정 배추 식물체의 제조방법 및 그에 따른 식물체	-

[표 61] 농우바이오 국내 특허 등록(출원) 상황

농우바이오는 종자와 상토, 비료 이외에도 친환경 사업으로 주목받고 있는 토양 개량제인 바이오차 상용화를 통하여 사업 다각화를 하였다. 농우바이오가 개발한 바이오차 제품은 내부 미세기공이 많아 작물의 생육에 필요한 수분과 양분을 공급하고 유용 미생물의 서식과 활동이 유리하여 수확증대를 기대할 수 있으며, 탄소의 비율을 안정시켜 작물이 튼튼하게 생육할 수

있도록 하는 효과가 있다.

항목	2016	2017	2018	2019	2020
매출액	1,030	1,044	1,040	1,212	1,300
매출액 증가율(%)	445.55	1.33	-0.41	16.57	7.23
영업이익	134.7	99.5	51.9	39.3	42.0
영업이익률(%)	13.06	9.53	4.99	3.24	3.23
순이익	-75.5	92.3	286.5	69.9	94.6
순이익률(%)	-7.32	8.83	27.54	5.76	7.27
부채총계	53.6	652.4	356.0	571.1	654.9
자본총계	1,678.8	1,746.7	2,286.5	2,317.5	2,362.0
총자산	2,212.4	2,399.1	2,642.5	2,898.6	3,016.9
유동비율(%)	232.44	236.88	449.75	305.56	286.70
부채비율(%)	31.78	37.35	15.57	25.07	27.73
영업현금흐름	77.1	-170.9	268.0	3.0	59.9
투자현금흐름	2.9	-96.9	8.9	-121.1	9.3
재무현금흐름	-69.4	262.4	-188.0	81.6	-24.4
기말 현금	140.6	125.1	210.2	172.5	210.0

[표 62] 농우바이오 연간 요약 재무제표 (단위: 억 원, K-IFRS 연결기준)

08

결론

8. 결론

전 세계적으로 종자산업은 크게 발전하고 있다. 이러한 세계적인 종자산업의 발전 추세와 우리의 실정을 토대로 한국의 작물육종 발전을 위한 과제와 정책을 제언하자면 다음과 같다.[45]

① 육종목표의 다각화

기본적으로 육종목표는 작물별로, 소비자 및 생산자의 요구에 따라 다양할 수 밖에 없다. 여기에다가 지금까지는 주로 국내 수급을 전제로 품종을 육성하였다면, 앞으로는 세계 시장 진출을 전제로 육성하는 것이 방향일 것이다.

국내의 경작면적과 작물재배업이 축소되고 있는 바, 수출지향적인 품종을 육성하는 것은 당연하다. 수출 대상지역에서 요구되는 품종을 명확히 정의하고, 현지에 맞는 육종 전략을 수립하여 장기적·체계적으로 육종에 임해야 할 것이다.

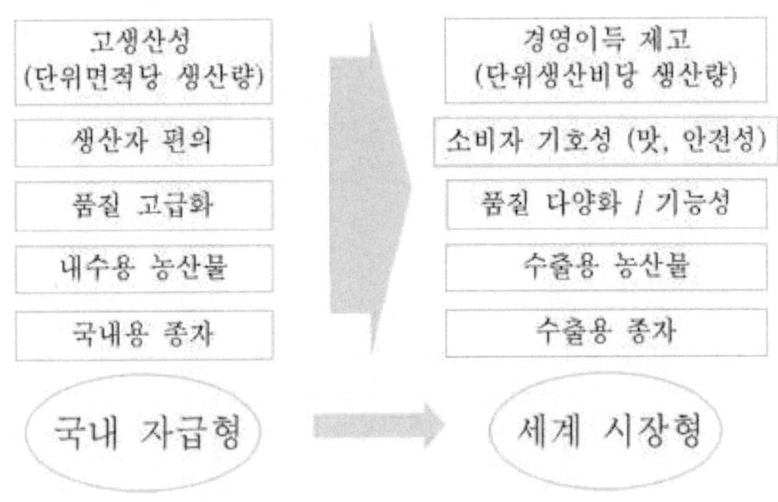

[그림 63] 육종목표의 다각화 개념도

② 육종기술의 첨단화

우리나라의 벼와 김장채소를 비롯한 몇 작물의 전통육종기술은 세계수준으로 인정받고 있다. 그러나 첨단 생명공학기술을 기반으로 하는 분자육종 기술 수준은 상당히 미흡하다. 다국적 종자기업들 및 선진국과 세계시장에서 종자시장 경쟁을 해야 하는 상황에서 첨단 육종기술 분야에 대한 연구개발 투자는 시급하다. 미래의 종자산업 시장경쟁력은 육종 기술과 속도의 양면에서 결정될 것으로 보인다.

③ 종자회사의 규모화

세계 상업종자 시장이 팽창하고, 무역규모가 급증하면서 종자는 이제 더 이상 농업생산을 위한 부속물이 아니라, 그 자체가 중요한 경제품목이 되었다.

---

45) 우리나라 작물육종 성과와 발전 방안, 고희종, Korean J. Breed. Sci. Special Issue:1-7(2020. 4)

세계시장에서 수출로 경쟁하기 위해서는 영세규모의 회사로는 어렵다. 2017년 몬산토의 연 종자 매출액은 109억$를 상회하였고, 매출 2억$ 이상의 기업이 20개였다(Agropages, 2018). 그러나 현재 우리나라의 종자회사는 대부분 영세하여(가장 규모가 큰 회사인 농우바이오의 2018 매출액이 1,040억원이었음) 소수의 업체를 제외하고는 수출 판로를 개척하기도 힘든 실 정이다.

구분		업체 수(개)	비율(%)
계		1,337	100.0
연간 매출규모	소류모(5억 미만)	1,175	87.9
	중소규모(5억~15억)	97	7.3
	중규모(15억~40억)	46	3.4
	대규모(40억 이상)	19	1.4

[표 63] 우리나라 종자업체 매출 규모(농식품부, 2016.12.31 기준)

종자산업진흥센터나 국립종자원 등에서 관련 지원을 하고 있지만 본격적인 시장경쟁을 위해 서는 기업체 자체에서 수출 노하우를 축적하고 체계있게 영업망을 구축할 수 있어야 한다. 물 론수출 대상국가에 우수한 품종들을 지속적으로 육성 공급할 수 있는 연구개발 체계가 갖추어 져야 한다. 이를 위해서는 종자기업의 규모화가 필수적이다. 정부의 종자산업 지원도 개인육 종가나 영세규모의 기업을 지원하는 것과 중견기업을 육성하는 것의 투 트랙으로 민간 기업들 을 지원하는 것이 바람직하다.

④ 글로벌작물 육종 강화
국내 상업 종자시장은 채소작물 중심으로 편성되어 있다. 그러나 채소종자시장은 물가 상승 분을 감안하면 수년째 답보상태에 있으며 수출 또한 증가하지 못하고 있다. 세계 종자무역시 장이 가파르게 증가하는 것을 감안하면 우리나라는 종자 수출 전략을 재검검해야 할 듯하다. 가장 먼저 해야 할 것이 작물의 다변화이다.

세계시장에서는 곡물이나 사료작물의 종자시장이 80% 이상을 차지하는데 우리는 15% 정도 인 채소종자시장에만 집중하고 있어 문제이다. 최근 일부 기업에서 옥수수품종 개발과 시장 개척에 나서고 있는 바 이를 적극 확대해야 할 것이다. 세계시장에서 점유율이 높은 글로벌작 물들에 대해 우수한 품종을 육성하여 시장경쟁력을 높일 때 비로소 우리 종자산업이 수출주도 형 미래산업으로 바로 설 수 있을 것이다.

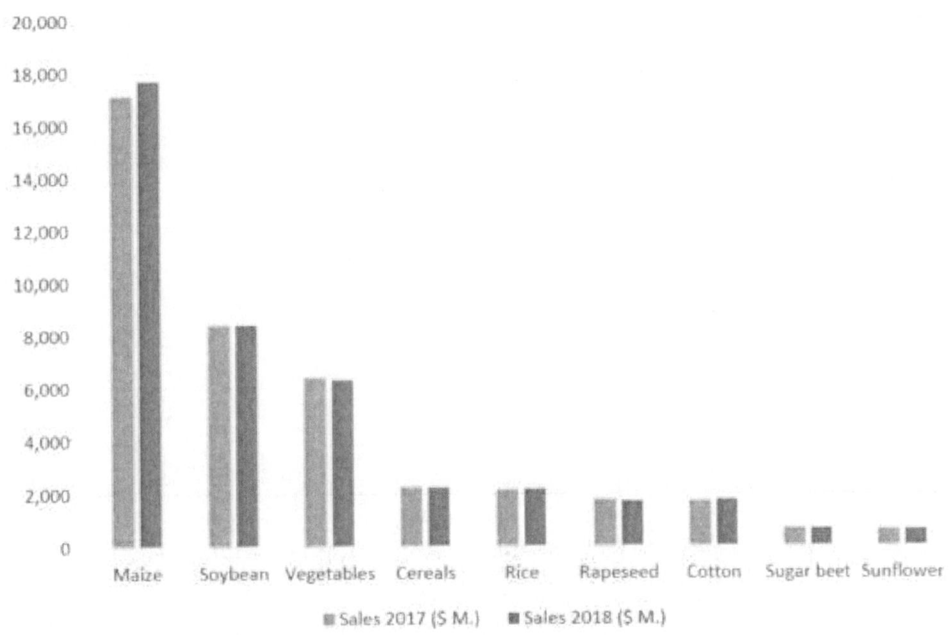

[그림 64] 우리나라 연도별 채소종자 매출액 추이(한국종자협회, 2019)

⑤ 육종가 및 종자산업 전문인력 양성

종자산업은 크게 종자개발(연구개발), 종자생산 및 품질관리, 상품화 및 마케팅으로 이루어진다. 그 중 종자개발은 육종가가 담당하는 것인데 종자산업의 성패를 결정하는 가장 중요한 분야이며, 이를 위해서는 대체로 대학원 석사급 이상의 연구력이 요구된다.

종자생산 및 품질관리 분야는 품종 및 종자에 대한 이해와 비교적 실무에 숙련된 인력이 필요하다. 상품화 및 마케팅 분야에는 종자산업에 특화된 전문 인력이 요구된다. 우리나라는 종자산업을 위해 특성화된 대학 또는 대학원이 없고, 한시적으로 단기 교육훈련 프로그램을 운영하여 인력양성하고 있는 실정이다. 향후 연구개발은 물론 세계시장에서 국제적으로 경쟁할 수 있는 전문인력을 양성하는 것은 종자산업 발전을 위한 가장 기본적인 조건이다.

⑥ 국가 지원체계 강화

정부의 종자산업 지원은 농촌진흥청의 바이오그린사업 연구개발, 골든시드프로젝트를 통한 품종개발, 민간육종연구단지와 종자산업진흥센터를 통한 기업 서비스 지원, 국립종자원을 통한 개인육종가 지원 및 해외 시범포 설치, 종자산업 육성전략 등의 사업이 진행 중이다.

종자산업은 결국 민간기업이 중심이 되어 세계시장에 진출하며 성장해야 하는 것이기 때문에 이러한 지원사업은 민간기업 중심으로 이루어져야 한다. 특히 제도와 법률 등이 기업친화적으로 재정비되어야 한다. 식량작물의 종자산업에도 민간이 참여할 수 있도록 국립종자원을 통한 식량종자 공급시 종자 가격을 현실화하여야 하며, 가급적 종자증식 및 공급 사업도 일부를 민간이 담당할 수 있도록 제도적 장치를 마련해야 한다. 특히 연구개발 사업의 경우 단기간의 성과에 급급할 것이 아니라 장기적인 안목으로 투자해야 세계적으로 우수한 품종들이 육성 될 수 있음을 명심해야 한다.

09

참고문헌

9. 참고문헌

1) 종자산업이 미래를 좌우한다. 디라이브러리
2) [2020국감] 48조 세계 종자시장…한국 비중 고작 1.3% / 푸드투데이
3) 차세대 농작물 신육종기술 개발사업, 한국과학기술기획평가원, 2018.12
4) 식물(종자)분야 특허, BRIC View 동향리포트, 2020
5) 종자산업의 도약을 위한 발전전략, 한국농촌경제연구원, 2013.12
6) [농수산 수출시대]② 국가 경쟁력 된 '종자주권'…'현대판 노아의 방주' 씨앗은행은 어떤 곳? / 조선비즈
7) 우리나라 작물육종 성과와 발전 방안, 고희종, Korean J. Breed. Sci. Special Issue:1-7(2020. 4)
8) 식물 품종보호 출원건수 12,668개 품종 돌파 / 국립종자원
9)국산 종자 자급률 채소류 90.1%, 과수는 17%대로 저조 / 팜인사이트
10) 식물(종자)분야 특허, BRIC View 동향리포트, 2020
11) 식물(종자)분야 특허, BRIC View 동향리포트, 2020
12) 신육종기술(NPBTs), KISTEP 기술동향브리프, 2018
13) 농우바이오(054050), 한국 IR협의회, 2021.01.21
14) 아시아종묘(154030), 한국 IR협의회, 2021.04.01
15) 종자산업 강국 네덜란드 TOP3 토종 종자기업, KOTRA, 2020.04.24
16) 지속 성장이 예상되는 중국 종자 시장 / CSF 중국전문가포럼
17) 일본 야채 씨앗 시장동향 / 코트라 해외시장뉴스
18) 신육종기술(NPBTs), KISTEP 기술동향브리프, 2018
19) 농우바이오(054050), 한국 IR협의회, 2021.01.21
20) 아시아종묘(154030), 한국 IR협의회, 2021.04.01
21) [Issue+] 2020농산업 결산, 농수축산신문, 2020.12.23
22) [농수산 수출시대]② 국가 경쟁력 된 '종자주권'…'현대판 노아의 방주' 씨앗은행은 어떤 곳? / 조선비즈
23) 전통 작물육종과 유전자변형기술, 박효근, 2010
24) 식량 및 원예작물의 육종 기술 현황 및 최신 연구 동향, BRIC View, 2018
25) 식량 및 원예작물의 육종 기술 현황 및 최신 연구 동향, BRIC View, 2018
26) 차세대 농작물 신육종기술 개발사업, 한국과학기술기획평가원, 2018.12
27) 식량 및 원예작물의 육종 기술 현황 및 최신 연구 동향, BRIC View, 2018
28) 한국 돌연변이육종 연구의 역사와 주요 성과 및 전망, 강시용, Korean J. Breed. Sci. Special Issue:49-57(2020. 4)
29) 식물 디지털 육종 기술의 발전과 미래의 종자산업 / BIO ECONOMY BRIEF 170호
30) 우리나라 작물육종 성과와 발전 방안, 고희종, Korean J. Breed. Sci. Special Issue:1-7(2020. 4)
31) 우리나라 작물육종 성과와 발전 방안, 고희종, Korean J. Breed. Sci. Special Issue:1-7(2020. 4)
32) 중요도: 1~5 (최고점)
33) 기술수준: 1~5 (세계최고수준)
34) 신육종기술(NPBTs), KISTEP 기술동향브리프, 2018
35) 신육종기술(NPBTs), KISTEP 기술동향브리프, 2018
36) 2027년까지 국내 시장 1.2조, 종자 수출액 1.2억 불로 확대 / 농기자재신문
37) 신육종기술(NPBTs), KISTEP 기술동향브리프, 2018
38) 종자산업 강국 네덜란드 TOP3 토종 종자기업, KOTRA, 2020.04.24
39) 종자산업 강국 네덜란드 TOP3 토종 종자기업, KOTRA, 2020.04.24
40) 종자산업 강국 네덜란드 TOP3 토종 종자기업, KOTRA, 2020.04.24
41) 아시아종묘(154030), 한국 IR협의회, 2021.04.01
42) [특징주] 아시아종묘, 정부 2조 투자 종자산업 육성 계획에 강세 / 머니S
43) 농우바이오(054050), 한국 IR협의회, 2021.01.21
44) 농우바이오, 지난해 영업이익 110억…전년比 61.38%↑ / 뉴시스
45) 우리나라 작물육종 성과와 발전 방안, 고희종, Korean J. Breed. Sci. Special Issue:1-7(2020. 4)

초판 1쇄 인쇄 2021년 6월 12일
초판 1쇄 발행 2021년 6월 21일
개정1판 발행 2023년 4월 17일

편저 비피기술거래 비피제이기술거래
펴낸곳 비티타임즈
발행자번호 959406
주소 전북 전주시 서신동 780-2
대표전화 063 277 3557
팩스 063 277 3558
이메일 bpj3558@naver.com
ISBN 979-11-6345-439-7(93480)
가격 66,000원

이 도서의 국립중앙도서관 출판예정도서목록(CIP)은 서지정보유통지원시스템홈페이지
(http://seoji.nl.go.kr)와국가자료공동목록시스템 (http://www.nl.go.kr/kolisnet)에서 이용하
실 수 있습니다.